怦然心动的
人生整理
魔　　　法

图文版

[日] 近藤麻理惠 著
刘勇军 译

Marie Kondo's Kurashi at Home

湖南文艺出版社　博集天卷
·长沙·

CONTENTS　　目录

序言　001

1 与自己对话　001

假如可以心想事成，那你理想的生活是什么样的？　003
你已经放弃你理想中的家了吗？　008
你真正想要整理的是什么？　013
麻理惠收纳法　017
整理是否会让你倍感压力？　020
你设定整理的最后期限了吗？　025
你会什么时候开始整理？　029
问麻理惠　032

2 与自己的家和物品对话　037

如果你的家有自己的个性，那它会是一个什么样的人？　038
你的物品会呼吸吗？　042

在所有的物品中，你珍藏最久的是哪一件？ 044

你是否一直保存着某些自己喜欢的物品，却不知道为什么？ 046

有没有什么东西让你一见倾心？ 050

3 想象自己理想中的家　055

入口是家的门面，是家中最神圣的地方 057

你的家门口就像通往神社的大门 060

让你的客厅成为一个可以促进对话的空间 063

一个好的厨房会让做饭充满乐趣！ 068

不要只注重实用性，给你的空间增添一点趣味 072

卧室是你为新的一天补充能量的基地 076

整理衣橱，振奋精神 081

为自己一贯的风格感到骄傲 086

擦净鞋底将为你带来好运 090

在浴室里只摆放那些能够激发你快乐的东西 095

用流行的颜色和图案装饰你的收纳盒和抽屉 099

布置洗手间，让能量保持流动 103

刺激家中的压力点来使其保持健康 105

井然有序的车库让人感到愉快 108
用你想看到的风景装饰墙壁 111
打造让人快乐的户外空间 115
园艺就像整理 119

4 快乐的早晨　123

什么样的早晨能让你一整天都更加快乐？ 125
养成新习惯只需要坚持 10 天 127
花点时间吃早餐会让你更加健康 131
应对一家人的早晨就像指挥一首交响乐 139
花点心思设计自己的早晨 141
尽可能少用清洁剂 143

5 快乐的一天　147

认真筛选你的活动和日常习惯 149
制定一个和谐的家庭时间表 153
教孩子把整理当作玩耍的一部分 155

有意地存放玩具 159

让你的工作井井有条 161

沉浸在自己的创造性出口中 165

有目的地存放小物件 167

运动有助于能量流动 171

在清洁地板时进行冥想 173

给自己留点喝茶的时间 175

珍惜那些让你感到愉快的人际关系和社交活动 179

回馈社区可以培养感恩之心 181

6 快乐的夜晚 185

受到喜爱的家庭食谱可以增进联结，促进健康 187

发现发酵的乐趣 193

外祖父的经验 197

享受不够便利的生活方式 199

通过放松和冥想进行精神静修 203

期待自己的晚间仪式 205

只穿棉质或丝质睡衣 210

睡前浏览让你感到愉快的剪贴簿 213

　　每天感恩将改变你的人生 216

　　学会大方地接受礼物 218

结束语 223

后记 227

理想生活方式的日程表 229

　　想象自己理想中的早晨 230

　　想象自己理想中的一天 232

　　想象自己理想中的夜晚 234

致谢 237

序言

对你来说,什么最重要?

整理,不只是把房间里的物品摆放整齐,它还能改变你的生活。

想一想,这件事给你带来的最大的改变是什么?

有的人认为,它给工作和人际交往带来了积极的影响。有的人表示他们因此走入了婚姻的殿堂,或者找到了自己真正想做的事。

但在所有的影响中,我认为最令人惊奇的是你在这个过程中学会了悦纳自己。

你筛选出能让自己心情愉悦的东西,丢掉留之无用的废物,在这个过程中,你的决策力和执行力得到了发展,反过来又培养了你的自信心。

你反复地问自己什么能带给你快乐,什么不能,慢慢地,你知道自己最在意什么。

悦纳自己,你将获得更多情感空间,你也更想充实地度过每一天。

仅以此书献给所有希望通过人生整理魔法提升生活幸福感的朋友。

1

与自己对话

假如可以心想事成，
那你理想的生活是什么样的？

思考这个问题的答案是你在生活中找到乐趣的前提。

所以每遇到一位客户，我都会先请他们谈一谈自己理想中的家：一座富丽堂皇的大房子，里面摆放着保留了天然颜色的各式家具，还有一个可以烘焙蛋糕的大厨房。每每讲到这里，他们的眼睛便闪闪发光。但很快，他们被现实打败，眼里的光芒也随之消失。"可我住在一栋小公寓里，"他们会说，"我的房间只有80平方英尺（约7.43平方米），怎么可能造出一座宫殿呢？我还是现实一点吧。"

这似乎听起来很有道理。但老实说，有很长一段时间，我不知道该如何回应。我怎么能要求我的客户换个理想呢？我怎么能让喜欢雷诺阿[1]的人用"更合适"的东西来装饰单

---

1. 皮埃尔·奥古斯特·雷诺阿（1841年2月25日—1919年12月3日），法国印象画派著名画家，以油画著称，也做雕塑和版画。——译者注，下同

间公寓，比如，日本木刻版画，然后告诉他们做好清洁就好？那并不会鼓励他们开始整理。这么做只会剥夺他们最后的快乐。

当我们幻想理想的生活方式时，我们应该自由想象，还是从实际出发？这个问题很难回答——我思考了很长一段时间。

在日语中，"生活方式"写作"暮らし（kurashi）"。我试图理解这个词的意思，却发现我并不清楚它到底做何解释。在《大辞泉》[1] 日语辞典中，我发现了一个有趣的事实。

根据辞典的解释，它的意思是"生活的行为；度过每一天；日常生活；谋生"。动词"暮らす（kurasu）"的意思是"打发时间直到日落；度过一天"。换句话说，理想的"暮らし"就是以理想的方式消磨时间，所以，它和"理想之家"的含义不同。

这让我想起了我的大学时代。那个时候我和父母住在东京，我有一个属于自己的小房间。在日本，这可是一件非常奢侈的事。但我仍旧充满了幻想和期待，梦想拥有一个更大

---

1. 《大辞泉》是由日本的小学馆所发行的国语辞典。1995年正式出版，初版收录约22万个单词，内含丰富的彩色插图，同时尽力反映新事物。

的房间、一个更可爱的厨房、一个带花园的阳台、窗户上要换上更漂亮的窗帘……但厨房是我母亲的地盘,我不能随意改动,我的房间连窗户都没有,就更不用说阳台了。

但理想和现实之间的差距并没有困扰我。我总是吹嘘我有多爱我的房间。我喜欢它是因为它是我自己的空间,一个我可以按照我理想的方式生活的地方:睡前点上香薰,播放我最爱的古典音乐,并在床头柜放一个插着一朵花的小花瓶。

换句话说,理想的生活方式指的是我们做什么,而不是我们住在哪里。

每当我的客户整理好他们的家,就很少有人考虑搬家或重新装修。据他们说,最大的变化是他们改变了在家打发时间的方式。有了这些改变,他们开始喜欢他们生活的空间,无论那是不是他们理想中的样子。

即便不能搬进新家或新公寓,你仍然可以改变生活方式。你只需要把你的房间当成你的理想家园,这才是整理的重点。所以,当你构想理想生活时,仔细想想你想要做什么,要用怎样的方式度过在家中的时间。

神奇的是,整理完毕后,许多客户不仅实现了理想的生活,而且得到了梦想中的房子(包括家具)。我都数不清有多少次听到客户说这样的话,"整理工作结束了两年之后,我们搬进了一栋和我想象中一模一样的房子",或者,"有人送了我一直想要的家具"。我在工作中经常能看到许多"整理"带来的奇妙效果,这只是其中之一。

信不信由你。但是如果你也幻想过理想的生活,为什么不全力以赴呢?

你已经放弃
你理想中的家了吗?

改变打发时间的方式可以让我们更接近理想的生活。话虽如此,但我并不是建议大家放弃对理想家园的憧憬,被"实际情况"困住。这有违"让整理带来快乐"的出发点。那么,怎样做才能打造理想的生活空间呢?有没有可能,比如,用洛可可风格重新装修传统的日式榻榻米单间公寓?我原以为这是不可能的,但其实是可行的。

我最喜欢的一本书是日本集英社出版的《美轮明宏[1]时尚百科全书》。在书中,日本明星美轮明宏展示了他年轻时居住的单间公寓。尽管室内空间只有100平方英尺(约9.29平方米),但室内陈设非常华丽。美轮在榻榻米草垫上铺了一层毛毡地毯,用棋盘纹样的布料和知名女星的画报装

---

1. 美轮明宏,1935年5月15日出生于长崎,日本创作歌手、演员。

饰壁橱的滑动门。梳妆台、唱机和其他物品都用颜料和丝带改造过，就连窗户上的粉红窗帘都是手工制作的。图片中，整个房间看起来宛如豪华的欧洲宫殿，根本不像传统的日式房间。

"你不需要搬家或者花很多钱也可以让你的家变得别致迷人。动动脑筋，加一点创造力。"美轮书中的这些话一直激励着我。

我第一次读这本书是在大学。美轮作为特邀演讲者出席我们学校的庆祝活动。作为学生报社的一员，我有幸采访到他。

我从没见过像他这样的人。在我们见面之前，他提前在会议室里喷洒了玫瑰味道的香水。聊天时，他侃侃而谈，彬彬有礼。他的到来给我留下了深刻的印象，我尊敬他，也永远不会忘记那一次会面。所以，这就是他们所说的"真实的东西"，我想。

虽然当时我还是个学生，但我已经开始做整理收纳顾问。而且，我注意到每个家庭的气氛似乎都与居住在里面的人相匹配。我很想知道美轮住过什么样的地方，所以拜读了他的作品。

　　自那以后,我观察过很多人的生活方式,最令我欣赏的当然不是他们的家有多宽敞或者家具多么奢侈。准确来说,是人们对生活在某种特定的空间的渴望。这种渴望体现在他们对理想不遗余力的追求上,他们只寻找和选择自己真正喜欢的东西,甚至包括最微不足道的收纳工具。他们热衷于改造现有的物品,但又细心保护原有的房屋结构和个人财产。

　　"渴望"这个词听起来可能过于夸张,但在实现理想的过程中,他们拒绝妥协,所以他们满怀热情,深爱着自己的"家"。

所以我劝你不要放弃梦想中的房子。当你想象理想的房屋和生活方式时，不要胆怯。

搜索网页，阅读有关家装的书籍和杂志，收集世界各地华丽的住宅或者漂亮的酒店房间的照片。花点时间研究一下，同时在脑海中想象什么样的房间可以让你体会到生活的乐趣。不要因为梦想和现实的差距而感到泄气。

年轻的时候，我曾痴迷于漂亮房子的照片，羡慕别人的生活，总觉得自己永远不可能拥有那样的房子。一想到这里，看照片就变成了一件痛苦的事。其实，看看漂亮房子的照片是一种很有效的方法，可以让我们了解自己的喜好，提高审美。我们要乐观一点，这很重要，所以不要总是拿自己和别人比较，也不要贬低自己，反而要观察自己对所见之物的本能反应，无论是墙壁的颜色还是你想尝试的设计风格。

请随意发挥想象，什么样的房间能够让你发出"如果是这样，该多好"的感叹，尽可能让自己在这个过程中感受到快乐。

别担心，只需要一点努力，再加上一点创造力，你就可以改变你现在居住的环境。

你真正
想要整理的是什么？

那么，请告诉我，你出于什么原因决定整理房间？

每当被问到这个问题，很多人都会回答说他们想要清理自己当下所处的空间。他们会说"我想收拾一下家"，或者"我希望找东西的时候能快一点"。

这样回答并没有什么问题。毕竟，这是实实在在的需求。

但是，如果你希望通过整理来改变生活，那么有几点需要提前考虑清楚。

在正式开始整理课程前，我会提出以下问题：

你小时候善于整理吗？

你从事什么职业？

你为什么选择这份工作？

你休息的时候会做什么?

你第一次参加这种活动是什么时候?

你最喜欢做什么?

我可能会花 1 小时的时间和客户讨论这些话题,尽管有些问题看起来无关紧要。我问这些问题不仅仅是出于好奇。这样的讨论可以让整理的过程更加顺利,所以每一个问题都很关键。

在整理某一类物品时,比如,衣服或者书籍,我们的速度往往会慢下来,而且难以取得进展。有的人不舍得丢掉任何一件衣服,而有的人执意保留更多的洗衣液,哪怕根本用不了那么多。这些小困难就像肌肉中散不开的筋包,是整理过程中的阻碍。

对某类物品的执念能够反映出一个人在生活某个方面遇到的问题,比如,工作或人际关系。比如,有的人厌倦了自己的工作,有的人无法原谅母亲从前做过的某件事,而有的人想和另一半谈一谈,却没有勇气这么做。

在课程开始前提出这些问题是为了解开客户在生活中遇到的"心结"——他们甚至可能没有意识到这些问题的存在。我这么做不是为了给他们提供建议或者解决方案,而只是提出问题,请他们回答。

哪怕只是简单地梳理生活中的小问题,也能大大提高整理的效率。这让我们明白为什么我们舍不得丢弃某些东西,也让我们认识到自己真正看重的是什么。这样也有利于推进整理工作。

我们处理财产、人际关系和工作的方式与解决生活问题的方式相似。这就是为什么从以下两个角度解决问题更有效:我们的财产和我们内在的自我。

整理意味着处理生活中所有的"事情"。那么,你真正想要整理的是什么呢?花点时间再仔细想一想这个问题。

麻理惠收纳法

如果你读过我写的其他书,那你应该熟悉麻理惠收纳法——也许你已经尝试过了!麻理惠收纳法的原则是一次性收纳所有物品,并按照以下顺序逐个分类。

衣服
书籍
文件
零碎物件(杂物)
纪念品

首先把某一类物品集中在一个地方;然后触摸每一样东西,看看它是否能给你带来快乐。如果能的话,请放心大胆地留下它;如果没有,就丢掉吧。这个过程可以彻底改变你的想法,让你再也不会陷入纠结摇摆的状态。所以我把这个

过程命名为"整理的节日"。这是能够给人生带来重大转变的过程,所以值得像节日一样庆祝。这也给了你一个机会去感谢那些曾经给你带来快乐但已经物尽其用的物品。

但是你怎样才能知道什么东西能给你带来快乐,什么不能呢?光看是不行的,你必须把它拿起来,握在手里。当你触摸到能带给你快乐的物品时,出于本能,你几乎立刻就会感知到。

你可能会感到激动或喜悦,紧张的情绪也可能得到缓解。你之所以决定整理一番,是因为你想要拥有快乐且充实的生活,所以你应该问问自己,你想要留下来的东西能否带给你快乐。思考你想留下什么和思考你想怎样生活是一样的。

在整理的过程中,你越来越知道自己需要留下什么,又应该丢掉什么,你想继续做什么,又应该放弃什么。做出这样的决定需要很大的勇气,但是要对自己有信心。一旦你学会只选择自己最爱的东西,就能够过上充满快乐的生活。不管别人说什么,你都要自信地坚持自己的选择。你选择留下来的东西必然是值得珍视的,最后,你会发现生活中处处都是宝藏。珍藏你喜欢的东西意味着你忠于内心的想法,并把自己照顾得很好。

整理是否会让你
倍感压力?

"我今天没有收拾任何东西。"

"照这样下去,我永远也完不成。"

"我得再扔掉一些东西。"

"我必须整理一下。"

你是否因为整理工作感觉压力很大?

你是否急于丢掉一些东西?你是否害怕自己永远也整理不好房间?从我收集到的信息来看,许多人都有这种感觉。真可惜。

整理的目的是让我们自由地享受每一天。但是如果我们忘记了整理的初心,忘记了我们理想的生活或整理的进度,我们就感受不到这件事带给我们的乐趣。

如果你遇到了这种情况,不必紧张。

除了整理东西，我经常发现自己处于类似的状态。我很喜欢我的工作，但有时也会因为日程安排太满而感到疲倦或者焦虑，哪怕我和身边的人相处得很愉快。偶尔，我也会因为一些平时不会困扰我的事情而感到沮丧。在第一个孩子出生后，我最初想成为一个能够游刃有余地应付孩子、家务和工作的母亲。但最终，我把自己累到筋疲力尽。作为整理专家，我有时会逼着自己把家里收拾得井井有条。

但是，每当出现这种情况，我都会告诉自己停下来，提醒自己不必追求完美。

如果你发现自己已经没有时间或者心情继续整理了，我建议你放弃一些东西。重点是，你要知道你的最低要求是什么。对我来说，孩子们健康快乐并且我没有让自己太过劳累，我就心满意足了。如果孩子们的玩具散落一地但我又累得没有力气收拾，我会提醒自己不必理会，赶紧上床睡觉。但如果这种乱糟糟的状态持续太久，久到让我心烦意乱，那么我会重新安排我的日程表，腾出一整天收拾残局。

如果我感觉压力太大，甚至快将我逼近崩溃时，我会抽出时间，写下压在我身上的每一件事。

我和丈夫每天都会讨论我们的工作计划和任务。我们会把当天和第二天需要做的事情写下来，而且写得非常详细，甚至包括一些琐碎的家务，比如，把脏衣服丢进洗衣机和把衣服放进烘干机。有了这份清单，我就不会忘记需要做的事情。做完一件画掉一件，这个过程让我颇有成就感。哪怕有些事做不完，也没有关系。知道自己还有什么事要做，总好过忘了做这件事，也好过每每路过凌乱的房间，因为还没有整理而郁郁寡欢。

把事情写下来不仅有助于我安排日程，也有助于我整理思绪。我在很多年前就养成了这个习惯。

这个习惯可以追溯到我的大学时代。每当我发现情绪失控、无法原谅某人，抑或想法一个接一个冒出来时，我会集中注意力，坐到令人安心的书桌前，打开电脑，洋洋洒洒地把这些想法写下来。我知道，除了我，没有人会看到这些，这样的认知让我更安心。

如果你不清楚自己想要什么，如果你遇到了困难，或者你的想法过多，可以尝试用纸笔代替电脑。你甚至可以到外面找个地方，比如，安静的咖啡馆或公园长椅，让自己不受打扰地专心写作。

以我为例，我可能会选择笔记本或日程本，也可能随便

找一张纸,这具体取决于我当时的目的。如果你想写下那些负面的想法,我发现传单背面或打印材料的空白面是最好的选择,因为这些纸早晚会被丢进垃圾桶。所以,我就没有必要像使用笔记本那样写得整整齐齐。虽然我手边没有储存这类纸张,但我需要的时候总是很容易找到一些。

无论你选择哪种方式,你都能感受到纸张上的文字带给你的感觉,以及产生这种感觉的原因,而这些是在你写作之前没有察觉到的。有的时候,这些文字会让你尴尬得脸红,

但有时也会让你开心不已。这个过程有点像你在整理过程中把同类物品集中到同一个地方,不是吗?

所以,如果整理这件事让你感觉有压力,那就休息一下。给自己倒杯茶,停下来反思一下你的生活方式,看一看身边的物品。请记住:整理房间的真正目的不是减少你的财产,也不是腾出空间,而是让你每天都能感受到快乐,拥抱幸福的生活。

你设定整理的
最后期限了吗?

快速整理,一气呵成。

这是麻理惠收纳法的要诀。不过,经常有人问我:"'快速'是指多快?"

答案因人而异。

有些人可以在一周内整理完,而其他人却需要三个月甚至半年的时间。其重点在于我们想什么时候完成。如果没有明确的最后期限,人就会无限地拖延下去。

虽然羞于承认,但我总是推迟写作。以我的第一本书为例,这个项目是在一次出版商的办公室里举行的会议上定下来的。我花了几个小时阐述整理的主题,向编辑解释了正确的整理方法,以及整理如何能让生活变得更好。他似乎完全被我说服了,建议我先把脑子里想到的写下来。于是,在没有确定最后期限的情况下我开始了写作。

然而，我回到家后，充满激情的想法却好像已经干涸。整理是我的生活，而不得不坐在电脑前敲键盘却是一种折磨。为了逃避这件事情，我找了一个又一个借口。

两周后，我给编辑发了一封电子邮件，为自己只字未写而道歉。我从未感到如此痛苦。

然后，我要求编辑给我一个短期的截止日期，或者我自己定一个日期告诉他。老实说，我仍然会把写作拖到最后一刻，但至少不会再无限期地拖延下去。

与我不同，整理不是你的职业。正因为如此，你才应该设定一个截止日期，假如你还没有设定的话。

如果你发现仅靠自己很难保持动力，那就试着告诉你的朋友或家人。你甚至可以在社交媒体上发布声明，宣布你打算在年底前完成整理。它可能不像工作截止日期那样具有约束力，但想到人们对事情进展的好奇，你就会有动力开始整理，并且坚持到底。

我的一位客户以惊人的速度完成了全部的整理，因为她把最后期限定在了产假结束的那一天。她的动作太快了，当她喃喃自语地说"这个让我感到快乐"和"谢谢你"时，我都看不清她的手了。当只剩下几天时，她坚持要和我步行15

分钟到一家咖喱餐厅吃午饭。"一旦假期结束,我就不能在这里吃饭了。"她说。我私下里担心午饭可能会浪费宝贵的时间,但她还是设法完成了整理。

设置明确的截止日期可以帮助我们集中精力、提高效率,这是人性使然。

那么,你想什么时候结束整理呢?翻开你的记事簿,在那一天写上"整理的最后一天"。是的,我说的是现在。

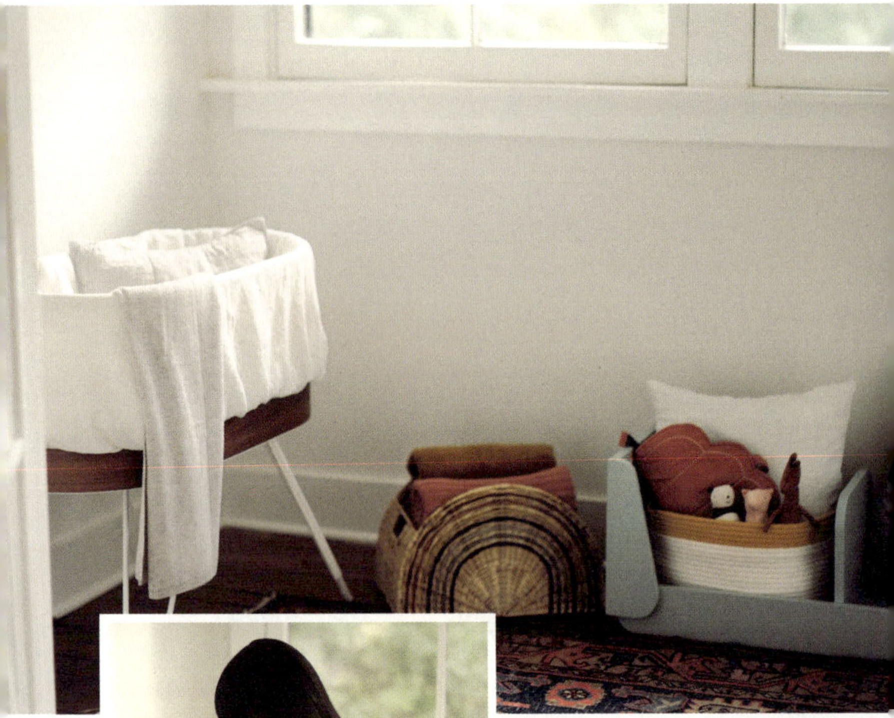
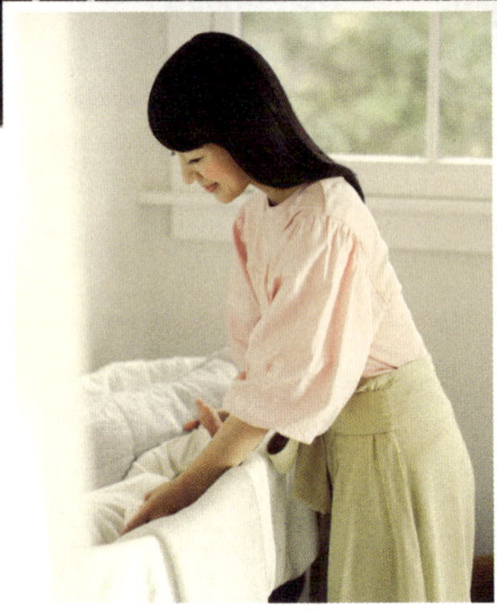
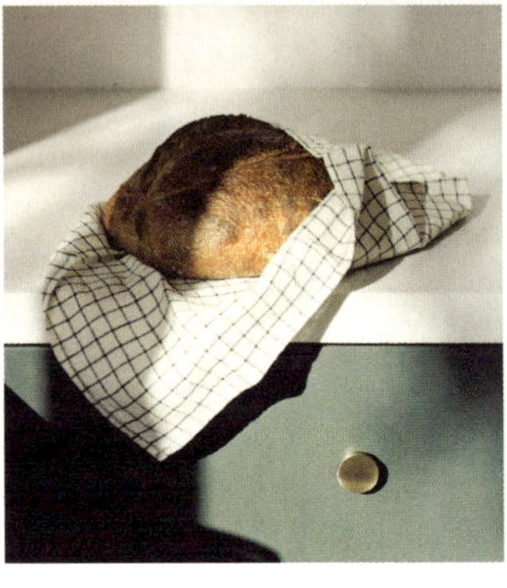

你会什么时候开始整理？

你会什么时候开始？什么时候结束？

虽然这两个问题听起来很相似，但它们是两个截然不同的问题。这一点从我客户的反应中可见一斑。在告诉我他们计划什么时候结束时，他们总是容光焕发。"我要在新年前结束。我要成为一个全新的我，然后明年结婚！""在我的生日前完成！完成后，我要庆祝一番。我会给自己买一束鲜花和一套特别的茶具，然后坐下来喝杯茶。"他们大胆地在记事簿上写下"整理的最后一天！"。当他们描述整理完后的生活时，眼睛在闪闪发光。

但当我问他们"你打算什么时候开始？"时，他们的回答却是这样的：

"嗯……嗯，我这个月所有的周末都有安排。我还想暑假的时候去旅行……"

"我来看一下……好吧，这一天我有空，但前一天晚上我要出去喝酒，所以我可能会很累。嗯，而且这天晚上我可能也要出去。"

当他们的眼睛在我和记事簿之间扫来扫去时，他们向我投来了抱歉的目光。

他们为什么会这样，原因很简单。思考完成意味着梦想未来，而思考开始却是要来真的。决定何时开始要困难得多，这完全合理。

有时，我会看到客户在他们的挂历上标记下我上课的日子。如果他们写的是"整理课！你可以做到！"之类的话时，情况并没有那么糟糕。但当我看到一个带感叹号的大三角形，甚至一幅骷髅图时，我会感到相当不安。这让我觉得自己更像一个危险人物，而不是一个整理专家。当我问他们为什么要这么做时，他们说那是因为他们不确定会发生什么，或者他们认为这次自己必须决一死战。有时,他们的表情太过于激烈,使我差点扔掉手里的垃圾袋。

对大多数人来说,开始需要决心和努力。

当然,有些人一有整理的冲动就会马上投入进去,不假思索地查看哪件衣服能带给他们快乐。

但这样的人很少。大多数人不得不仔细查看他们的日历,寻找合适的时间。他们会重新安排日程,休带薪假期,或者为了腾出时间而取消约会。通常在上课前,他们会一直整理到凌晨 2 点,甚至整晚都在整理。第二天,当我看到他们因为睡眠不足而苍白的脸时,我必须得克制自己才不会说:"距离上一次上课已经过去整整一个月了!你为什么不早点开始呢?"然而,有手稿要到期时,我自己也总是通宵达旦地赶工。我想把事情拖到最后 1 分钟并不罕见!

因此,我鼓励你下定决心马上行动,如果你还没有开始。暂时抛开忙碌的借口,再查阅一下你的记事簿。我向你保证,整理这件事总有一天会结束,而且你并不孤单,世界上有很多人正在和你做着同样的事情。

那么,你打算什么时候开始呢?

问麻理惠

我的伴侣很邋遢,我没法让家里保持整洁。帮帮我!

如果你和其他人住在一起,比如,伴侣或家人,那么保持家里整洁的诀窍是要确保所有东西都有一个明确的存放地点。最重要的是要让每件物品的去向都一目了然。如果你做不到这一点,或者物品的存放地点经常发生变化,甚至你自己也不确定某个东西应该放在哪里,那么想让其他人收拾屋子就会非常困难。

我建议你先确定哪些空间你可以完全控制,然后彻底清理这些地方。它们可以是你的壁橱、书柜,也可以是你为个人爱好留出的房间或指定区域。总之,它们应该是你可以随时保持整洁的地方。通过整理这些空间,你可以了解整理的基本知识,获得内心的平静。然后,你可以带着这种心态开始考虑你与他人的共享空间。许多人的做法恰恰相反，他们试图先去归置别人的空间。如果你是这些人中的一员，那么停下来问问自己："我的空间很整洁吗？"

改变别人很难，但我们可以改变自己。整理的目标是创造一种能激发快乐的生活方式，因此直面自己并整理好自己的空间很重要。如果你和其他人住在一起，那么在你整理的过程中，当他们把房间弄乱时请视而不见。只有你花时间梳理好自己的生活，你才能体验到整理的乐趣。

一旦你发现整理是一种愉快的体验，而不是一件令人痛苦和恼火的家务事，一旦你真的把这个想法转化为行动时，你的能量就会发生改变。于是，那些和你住在一起的人也会慢慢开始整理。我经常发现，整理似乎会引起连锁反应。

转变发生的时机因人而异。对有些人来说，一旦他们开始整理，这种情况就会发生。而对其他人来说，这可能要等到他们结束整理后半年才会发生。但与他们一起生活的人最终都会主动开始收拾。

整理与我们的家和家人之间的关系既不是短期的，也不是肤浅的。所以，重要的是要记住，你正在与全家人一起创造一种能激发快乐的生活方式。寻找合适的时机，与所爱的人分享你对这种生活方式的想法。

如果每件物品都让你感到快乐呢？

如果你真的觉得你拥有的一切都能激发快乐，那太棒了！在这种情况下，我们就要改变整理的前提，没必要扔掉任何东西。重要的是你珍惜自己的每一件物品，你在家里感到舒适和快乐。如果在你收拾好之后，它们仍然让你感到快乐，那就没有问题。

相反，我建议你清理一下自己的储物空间，认真思考用什么方式存放东西能给你带来快乐。例如，你可以对它们进行更加明确的分类，深思熟虑地选择每件物品的存放地点。把东西竖直存放并且排列整齐，这样当你每次打开抽屉时，它们都能让你感到喜悦。要乐于为所有喜爱和珍惜的东西寻找最佳的存放方式。

我遇到过很多人，他们坚决不扔掉任何东西，因为"它们都能带来快乐"，但结果他们发现事实并非如此。他们按照麻理惠的收纳法，一次整理一个类别，每次把同一类别的所有物品收集在一起，然后触摸每一件物品，他们意识到有些东西不再让他们感到兴奋，甚至包括那些他们最喜爱的收藏品。虽然这些物品的数量可能很少，但重要的是在这个过程中我们重新认识到了自己喜欢什么、不喜欢什么。唯有如此，我们才能真正地感受到所有物品带给我们的快乐。如果你认为只是试着去整理，而不是完全投入，所有物品就能让你快乐，那么你可能还没有完全理解自己到底拥有什么。

如果无论何时回到家，你都感到幸福和满足，那么这足以说明所有物品都让你感到快乐。

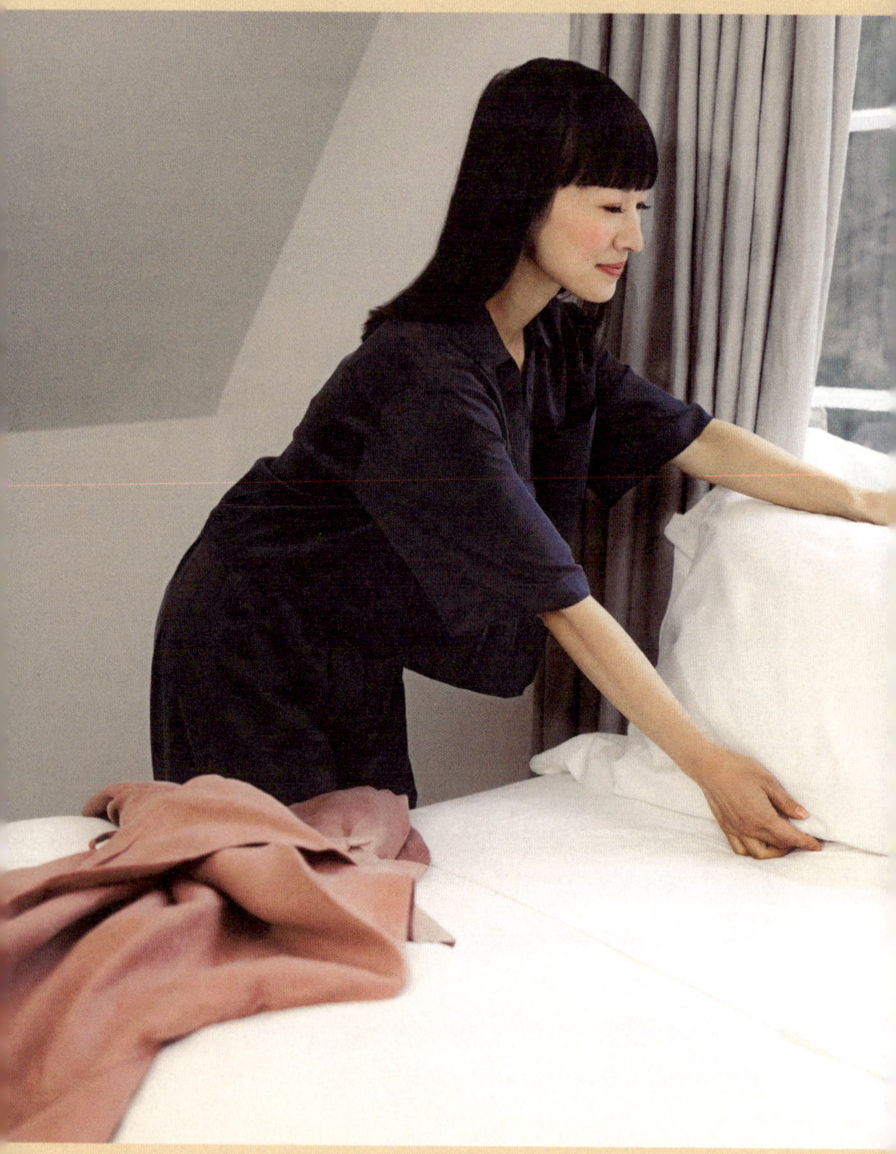

2

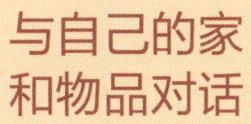

与自己的家和物品对话

本章将帮助你深入探讨你与家和物品的关系。对物品引起的记忆和感受的思索将加深你对整理的理解。

如果你的家有自己的个性，
那它会是一个什么样的人？

每个家都有自己的个性和特点。

当我这么说的时候，许多客户看上去都有些困惑。但当我日复一日、年复一年地走访了无数的家庭后，我确信这是真的，尽管我无法解释为什么。

有的家有女性的气质，而有的则很阳刚。有的家年轻而充满活力，有的则平静而成熟。有的活泼，有的安静，有的家会让人的头脑中浮现出生动的生活场景。每个家的性格和沟通方式都是不一样的。

开启新的整理课程时，我的首要任务是了解客户的家。我的方法很简单，我会对它说"你好"，并请它在整理过程中给予我们支持。当我感受到它的回应时，我就会对它的个性有所了解。我并没有试图分析或者给房屋分类。我只想了解每个家是什么样的，就像我们可以通过对话感知人的本性

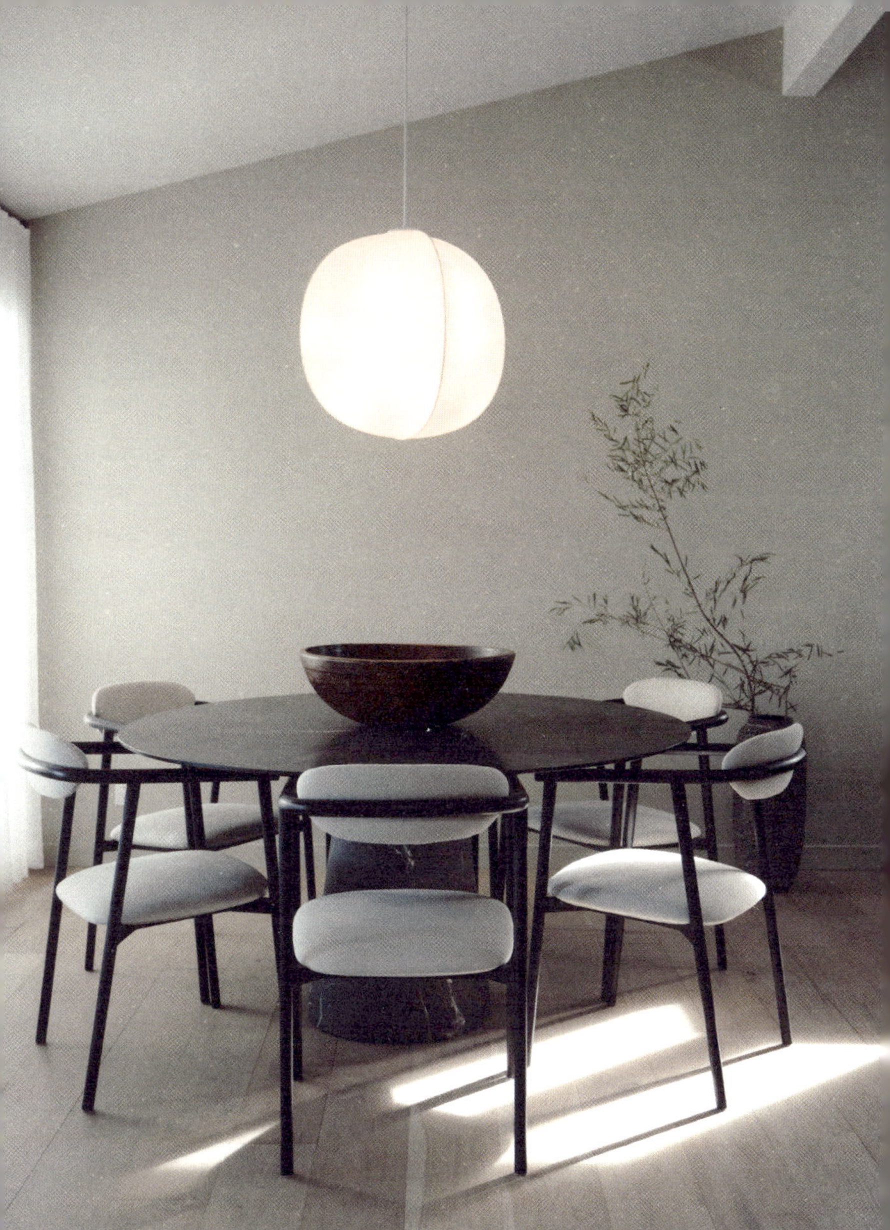

一样。

　　也许，你想知道了解一个家的个性是否有用。事实上，这根本没用。但是，如果我从一开始就与一个家建立了良好的关系，那么当我在寻找解决办法时，它往往会推着我朝正确的方向前进，比如，在某个特定的区域如何存放东西。

　　我得出一个结论，那就是家在本质上是非常善良的。如果在工作中遇到烦心事，回到家时，我会感到自己仿佛回到了一个温柔的怀抱中。通常到了第二天早上，问题就消失了。

　　为什么不试着和你的家打声招呼，看看会发生什么？

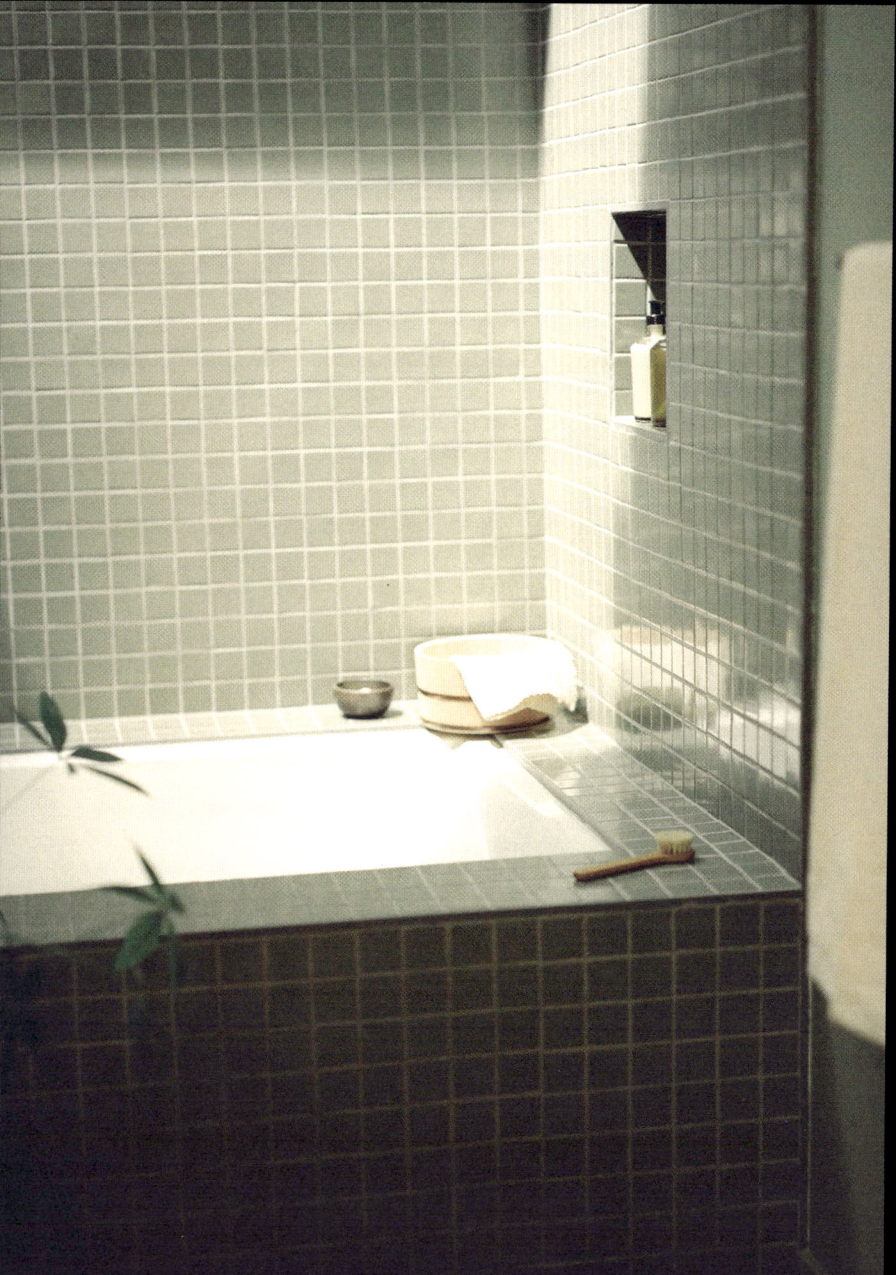

你的物品会呼吸吗?

衣服被塞进壁橱,书籍和杂志被随意地堆放在地板上,小物件散落在书架或化妆台上。

你家里有什么东西快喘不过气来了吗?仔细听一听每件物品想告诉你什么。如果你想知道如何去听,可以试试"独奏"的方法。首先,关掉音乐,然后好好看看房间。如果某件特定的物品吸引了你的注意,那就试着想象它的感受,并替它发声,说出你脑子里蹦出来的任何一句话,例如"我被压得喘不过气了"或者"请把我放回抽屉里",甚至是"我很喜欢这样,这很自由"。把自己假装成每件物品,你就会开始理解它们。

当你扮演了十件或二十件物品,并且真正地融入其中时,你可能就会有一些重要的发现。也许有些东西告诉你它们想要如何被存放,而另一些则宣布它们在你生活中的使命已经结束。它们甚至可能会激发起你对明天要完成的事情或者你一直想做的事情的灵感。

你拥有的每件物品都想帮助你。所以，想想你该如何安排，让它们拥有更舒适的空间，这就是规划收纳的本质。收纳是一种神圣的仪式，是把东西放到它们该在的地方。要做好这一点，你需要设身处地地为每件物品着想。我希望，你能借此发现整理不是一套收纳技术，而是一个能够促进你与生活中的事物进行沟通的过程。

在所有的物品中，
你珍藏最久的是哪一件？

好好看看你所有的东西，其中你珍藏时间最长的是哪一件？找一些你放在手边一直在用的东西，而不是你已经忘记、刚刚才意识到的东西。

对我来说，那就是我的针线盒，一个带抽屉的木制盒子。这是我上一年级时父母送给我的圣诞礼物。有一次，盖子上的金属扣坏了，修复后在奇怪的地方留下了一些洞，但我喜欢木头的颜色和雕花的图案。有一段时间，我用它来放化妆品，现在我又把它用于缝纫了。

针线盒见证了我生命中的所有快乐和悲伤。它不仅见过我最好的时候，也见过我最糟糕的时候，想到这，我难免会有点尴尬。但它也让我感到安心，它就像一个可以倾诉任何事情的好朋友。它的存在让我感到非常自在，我相信它会接受真实的我，我的缺点和我的一切。

当你发现自己也有类似的东西时,把它放在你的手心里,深情地抚摸它,请它继续支持你。它一直陪伴着你,这说明它一直在小心翼翼地照看你。现在不是到了该回报它的时候了吗?

我相信,有意识地珍惜那些珍贵的东西会加深我们与它们的联系,以及我们与其他事物的联系,让它们和我们都表现出最好的状态。

你是否一直保存着某些自己喜欢的物品，却不知道为什么？

当我问客户，他们在找到某件特定的物品时，是否曾经感受到命运的召唤，他们通常会给我以下两种回答：一种是他们在看到某件东西时，瞬间就感到了震撼，仿佛脑袋里猛地响了一声；而另一种则是他们逐渐意识到，自己在 20 年后仍然会使用这件物品。我觉得后一种非常有趣。

当我向客户询问他们和这些物品第一次相遇的情况时，他们的回答显得有些淡漠，这出乎了我的意料。他们说"我不记得是什么时候拿到的"，或者"我一时兴起买下了它"。我第一次注意到人们的这种反应时，还是名学生，我的整理事业才刚刚起步。受电视剧和漫画的影响，我觉得真正的喜爱一定意味着"一见钟情"，但我惊讶地发现事实并不总是如此。

这让我怀疑自己是否已经拥有了一些命中注定的东西，

047

却没有注意到。在思考之后，我意识到事实上我的确有一件这样的物品，那就是我的记事簿。

我从初中开始使用一种特殊的记事簿，并且在20多岁的大部分时间里也一直在用，前后超过了15年。我的老同学们见我还在用同样的记事簿都感到很惊讶。它的大小相当于一盘盒式磁带，可以装在口袋里。它的设计非常简单，每个月的日程安排只有一页。但每个月的彩印滑稽插图无疑给我带来了欢乐。

我现在用的是一种更大的记事簿，因为我的日程安排太复杂了，无法写在那么小的记事簿中。但我的第一个记事簿非常适合当时的我，我确信我们的相遇是命中注定的。然而，即便如此，我也不记得我第一次发现它是在什么时候。

这让我觉得，某些事物留给我们的第一印象并不一定会表明它是注定出现在我们的生活中的。我想知道人们和他们的"灵魂伴侣"第一次相遇时，情况是否也同样如此。于是，我以壁橱或抽屉里的某件纪念品为借口，装作随意地问客户他们是如何认识自己的伴侣的。令人惊讶的是，很多人这样回答"我们只是碰巧在同一个地方工作""在我意识到之前，我们一直在一起"或者"他当时并没有给我留下太多印象"。他们中的许多人又补充道："但我们在一起的时候感觉很自然。"

我和丈夫拓海的关系也是慢慢萌芽的。我是在一次为学生举办的求职网络活动中认识他的，当时我们还在上大学。后来，我们会有意无意地一年见一两次面，就这样持续了大约8年的时间。

在我看来，我们与某些人或事物之间的联结深度更多地取决于彼此是否匹配，而不是初次相遇时他们或它们留给我们的印象。

有没有什么东西
让你一见倾心?

还有一些东西,我们第一次见到它们时就有种一见如故的感觉。我们立刻就意识到它们非常适合我们,似乎就是为我们而生的,仿佛它们在大喊:"带我回家!"

从我了解到的情况来看,让人们一见倾心的物品可谓多种多样。可能是随身携带或佩戴的东西,比如,一个白色皮包或者一对可爱的蓝色宝石耳环,也可能是一个马克杯、一张沙发,甚至是一株植物。我的一些客户在购买所有的东西时都会把一见如故作为购买标准。即使有的客户在识别什么可以激发快乐时没有那么敏锐,也通常会对某个东西"一见钟情"。

对我来说,让我产生这种感觉的是我上大学时和家人一起旅行的过程中发现的一幅画。我碰巧走进一家商店,在里面发现了一幅灵感来自《爱丽丝梦游仙境》的画。这幅画的

051

构图太完美了，我出神地看着它。在接下来的 30 分钟里，我一直在为是否买它而苦恼。我不断地进出商店，直到最终下定决心。当我回到家把它挂在墙上时，我感到我的房间似乎变得完美了。我以前从未有过这样的经历。然而，尽管这是一次命运的邂逅，后来我还是放弃了这幅画。一位客户告诉我，她的女儿喜欢《爱丽丝梦游仙境》，我决定把这幅画送给她。我把它买回家已经 5 年了，出于某种原因，我认为它在我生活中的使命已经结束。然而，在我把它送走以后，奇怪的事情发生了，它竟不断出现在我的梦中。

起初，我以为这只是一个巧合，但我几乎每晚都梦到它。

一周后,我母亲打电话给我。"麻理惠,"她说,"那幅有关爱丽丝的画还在你那里吧?"

"什么?嗯……"

"最近几天,我每天晚上都梦到它。它对你来说一定很重要,所以你要好好保管它,好吗?"

在她挂断电话后,我确信自己反复梦到那幅画绝非偶然。于是,我给客户打了电话。当她听说了发生的事情后,非常高兴地把画还给了我。不过,我仍然不知道我的梦在向我传递什么讯息。但紧接着,我的工作就遇到了一个转折点,事情开始变得相当顺利,就好像那幅画在照看我一样。

从那以后,不管是结婚还是搬到美国,我一直把它带在身边。它不仅给我带来了快乐,而且每次我看到它,我的内心都变得平静,充满了安全感。

只有在合适的时机,我们才会遇到那些让我们一见钟情的东西。即使我们暂时与它们分别,它们还是会回到我们身边。这样的相遇真的很神奇,你不觉得吗?

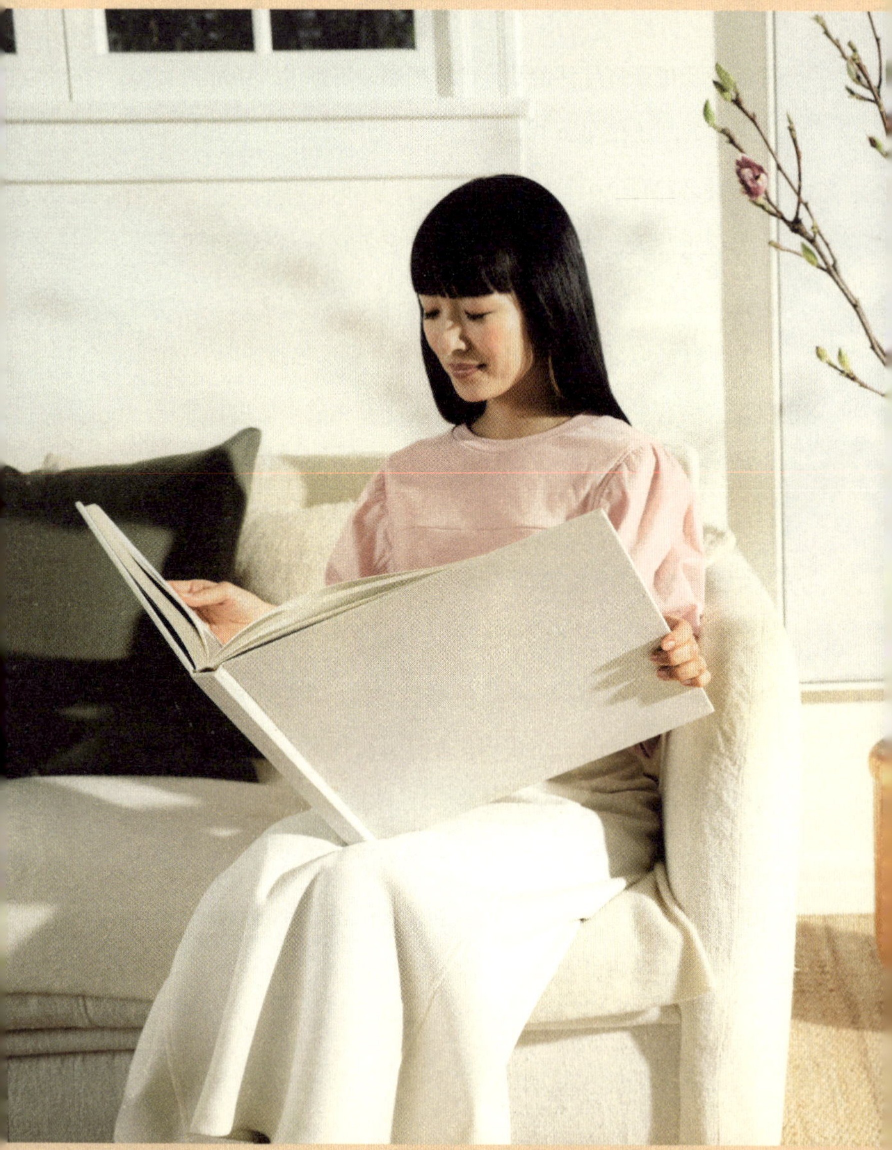

3
—

想象自己理想中的家

在本章中,你将在脑海中构思自己理想中的家,一次想象一个空间。我会针对每个空间,以自己或客户的生活方式为例,帮助你想象出自己理想中的家的样子。

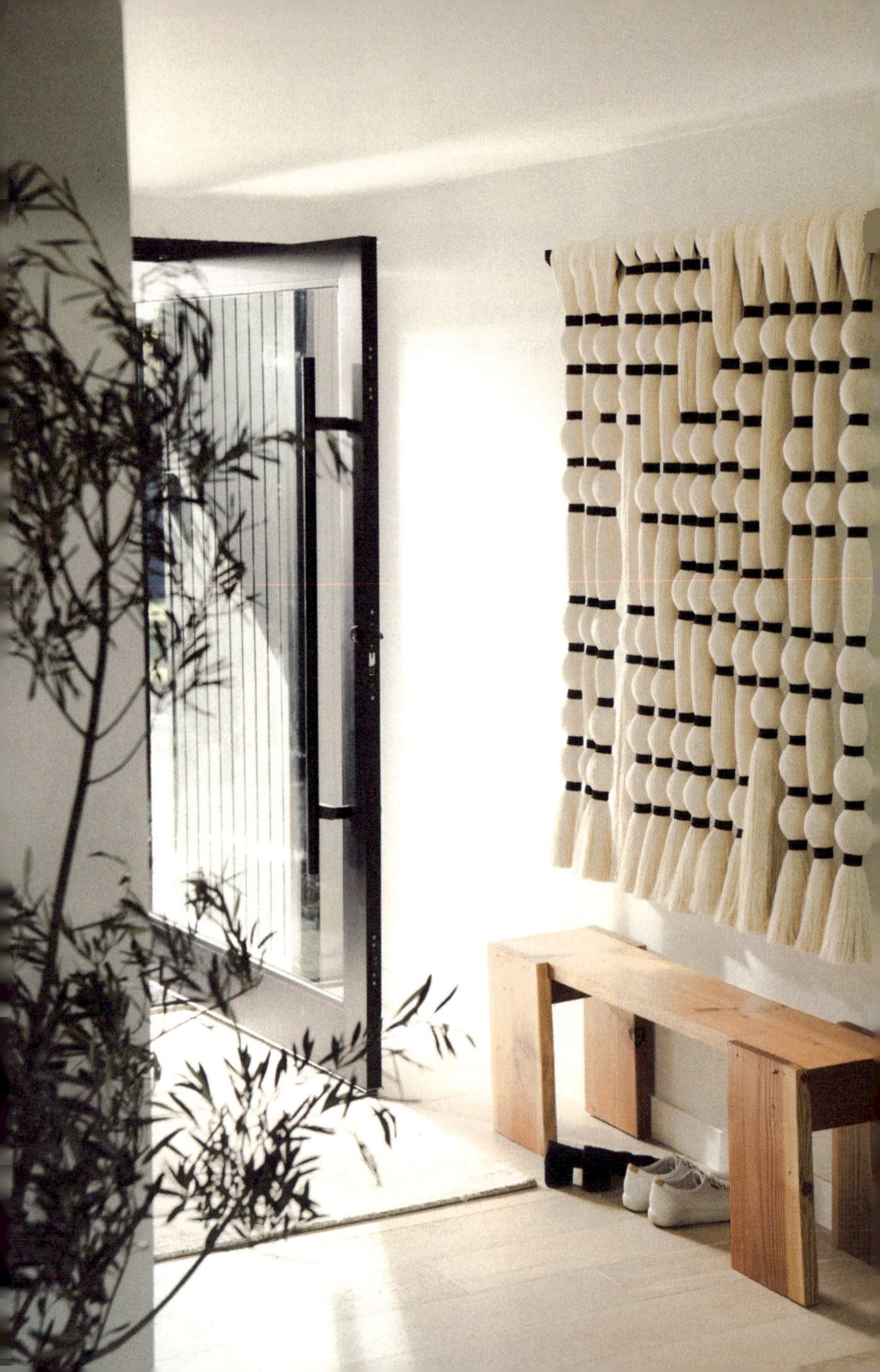

入口是家的门面，
是家中最神圣的地方

当我们走进家门时，门口应该让我们感到放松和满足，让我们不由得想宣布："我回来啦！"干净而整洁的门口，让客人精神振奋，感到宾至如归，这就是我理想中的入口。

例如，地板应该保持整洁，除了摆放每个家庭成员的一双鞋以外，其他鞋子都应该整齐地放进橱柜或壁橱里。空气中弥漫着精油或熏香的清香，有一个令人愉悦的视觉焦点，比如，一张雅致的入户垫子、一张自己喜欢的照片或者明信片，或者花瓶里的一朵花。无论是新年、秋季还是寒假，这个焦点都会随季节而变化。

一位客户家的入口给我留下了特别深刻的印象。正中间是她丈夫制作的一艘航船模型，旁边是她用时令花卉制作的雅致的插花。在孩子们长大离家后，他们逐渐开始为家增添新的装饰元素。他们现在已经习惯了每天都要向房子打招呼。

我仍然记得他们面带微笑地对我说:"回家打开门让我们感到非常快乐。"

入口是家的门面,是家中最神圣的地方。布置这里的关键在于保持装饰简洁。

你打开门想看到什么?当你走进来时,什么会让你更快乐?一种特别的香味?某种特色或者某件不同寻常的装饰品?也许你想通过增加长椅或者采用不同的存放鞋子的方式来改变进入家中的流程,使其更加简化。

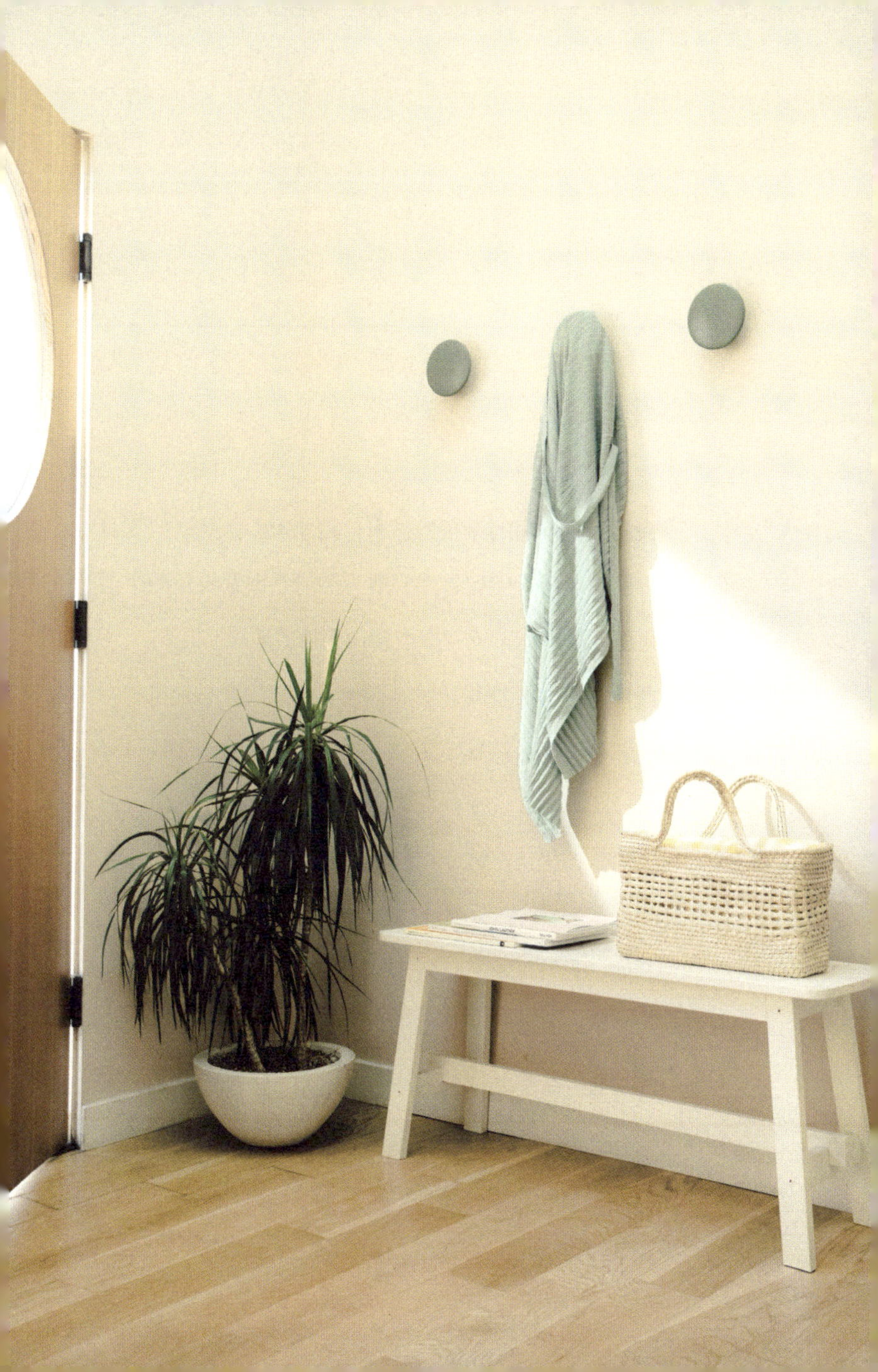

你的家门口
就像通往神社的大门

我会用一块好用的湿布擦拭入口的地板。虽然这似乎没有必要,也很麻烦,但如果你想要一种能够激发快乐的生活方式,我建议你用抹布或者拖把清洁门口的地板。

我在读高中的时候就开始这样做了。我的灵感来自一本与风水有关的书,虽然我忘了书名,但我记得书中建议每天都要擦门口的地板,说这样会带来好运。因为,房子的入口就像房主的脸,保持它的干净和明亮会提高房子的声望,并吸引好运。

一开始,我只理解了这些词的字面意思。我懂了!所以这就是我父亲,我想。我一边擦地,一边想象自己在擦父亲的脸。可是这似乎相当无礼,所以我决定不再胡思乱想,专心地擦拭入口。

尽管我每天都擦门口的地板,却惊讶地发现抹布总是那

么脏。看看我们在一天内积攒下的这些灰尘，我想这就是门口存在的意义吗？——让人们每天回到家，抖落身上的灰尘，恢复精力以应对明天的工作？当时的我穿着高中制服跪在地上，手里拿着抹布，脑子里却思考着生命的意义，看上去一定很滑稽。

当我开始经营自己的整理事业时，我向客户分享了那本书中关于清洁入口那部分的内容。"哦，我明白了！"其中一个客户说，"它就像通往神社的大门。"她说得对！我曾经兼职做过神社巫女[1]，人们告诉我们，进入神社的大门可

---

1. 日本神社中的神职之一，是侍奉神明的未婚女子。在神社里通常负责打扫环境、服务香客，或者参与祭典仪式。

以清除污浊和不幸。同样，当我们回家经过门口时，它也会清除白天落在我们身上的所有尘垢。

另一位客户注意到，清洁门口可以消除她的内疚和羞耻感。她意识到，看到门口的尘土让她觉得自己是个失败者。（出于某种原因，清扫门口的习惯往往会启发人们产生这样的哲学见解。）

保持门口一尘不染可以给我们信心，因为我们知道自己没有什么需要隐藏。同时，它也向我们灌输了把家作为圣地的观念。也许这个小小的空间真的可以净化我们的心灵。如果是这样的话，那么保持门口干净会带来好运这种说法是有道理的。在日本，人们会说："幸福自前门而入。"擦拭门口的地板会让房子里的空气变得更加轻盈。你想把家变成一个像神社一样有能量的场所吗？如果是这样的话，请养成每天擦拭门口的习惯。

让你的客厅成为一个
可以促进对话的空间

客厅是与家人、朋友甚至自己建立联系的地方。我们既可以在这里放松身心,也可以进行热烈的谈话。在我家,我们在客厅腾出了一个玩耍的空间,可以在晚饭前后与孩子们共度时光。我们给他们读书,欣赏他们唱歌、跳舞,我们可以在这里度过许多欢乐的时刻。我们在电视机旁留出了一个位置摆放照片,还布置了一个特殊的角落来展示孩子们做的手工。我们留出一个区域来展示季节性的装饰,并且经常更换这些装饰来纪念像圣诞节这样的日子。

孩子们上学的时候,客厅就成了我喝茶、放松的好地方。无论是遥控器还是报纸杂志,每件东西都有指定的位置,因此,客厅总是井然有序。你可以把东西放进隐藏的储物空间,比如,咖啡桌下面的柜子或夹层中,也可以把它们陈列在托盘上来增添趣味。至于遥控器,你可以用小篮子将其放在视

线之外，这样看起来更整洁。我喜欢在花瓶里插上漂亮的鲜花来装饰客厅。我还在一个角落摆上了我最喜欢的室内植物，每次给它浇水时，我都会说："你看上去很好。谢谢你净化了家里的空气。"我会根据自己的心情放一些古典音乐或爵士乐，放松地坐在沙发上，让自己喘口气。

那些告诉我客厅能真正带给他们快乐的人，通常会用一些能够增添美感的物品，如绘画、可爱的摆件或时令花卉，把客厅布置成自己的小型美术馆。

我的一位客户喜欢闪闪发光的东西，她在窗边挂了一些能够反射阳光的装饰品，在电视柜上摆放了大型的水晶和玻璃饰品，还在墙上装了一个太阳能彩虹制造机。她的客厅令人着迷，一整天都呈现出柔和的彩虹色光影。

　　对我来说，理想的客厅要通风良好，有自己喜欢的沙发和咖啡桌，可以营造出愉快交谈的氛围。

　　什么样的客厅适合你？客厅的哪个区域或者什么样的装饰可以作为视觉焦点？你该如何布置客厅里的物品，让每件物品都有指定的位置？

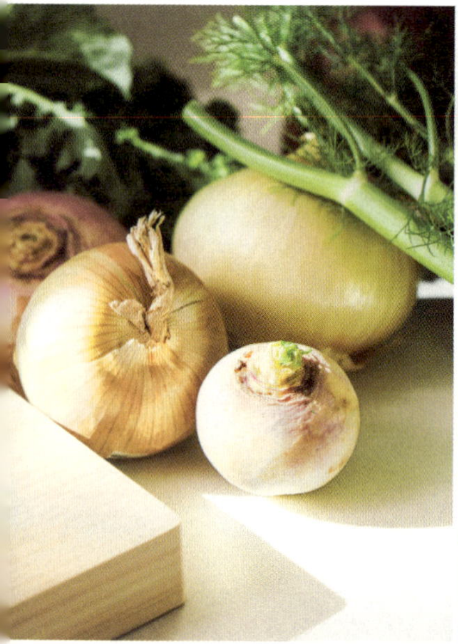

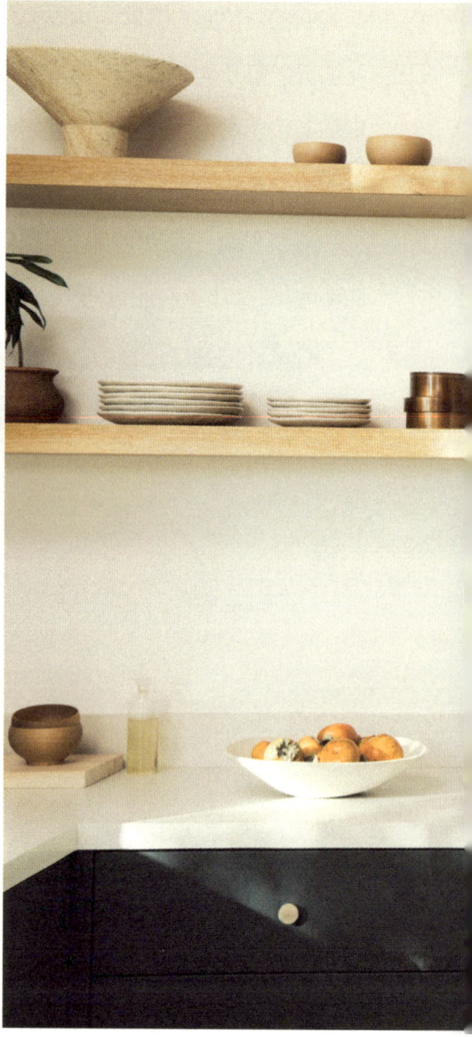

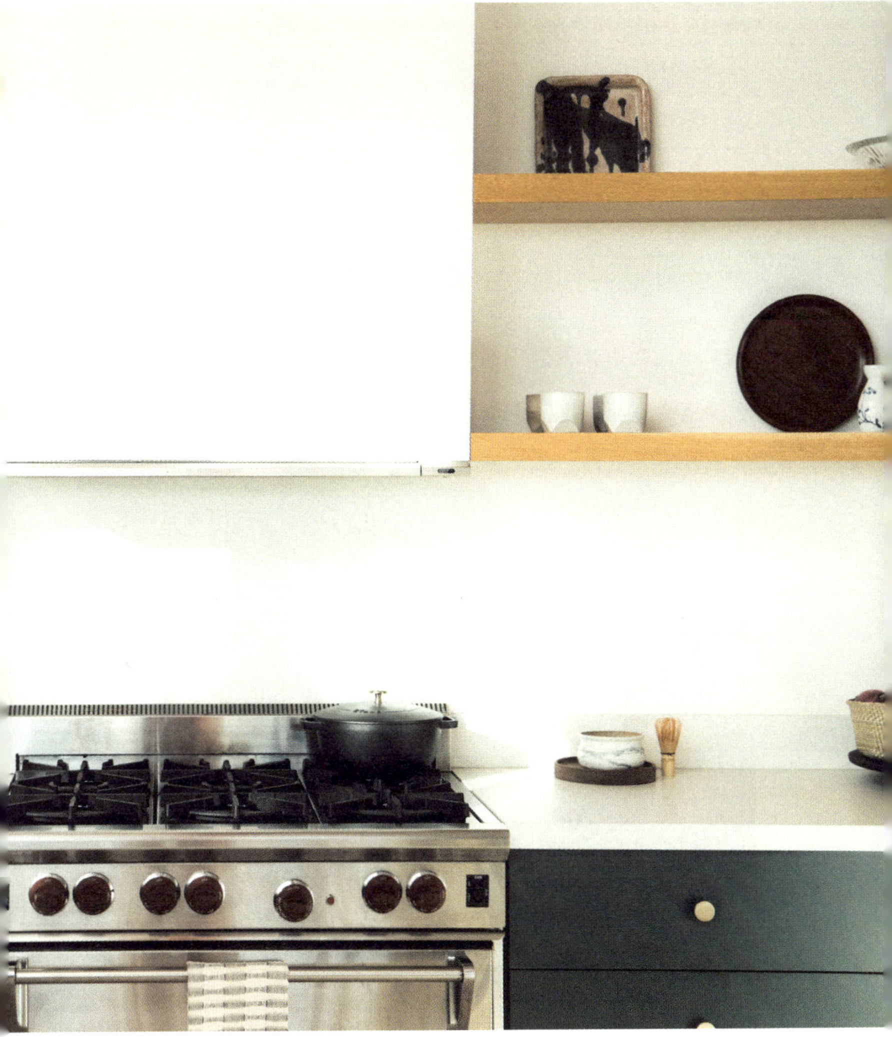

一个好的厨房
会让做饭充满乐趣！

　　一天当中，我有相当多的时间都是在厨房度过的。这里不仅是我做饭的地方，也是我和家人一起吃饭的地方。孩子们喜欢看我做饭，哪怕他们正在游戏室里玩耍，但只要我一开始做饭，他们就会跑过来帮我。我想他们之所以会被厨房吸引，是因为他们看到我做得很开心。我会让他们打鸡蛋、切菜，或者把洗好的餐具从洗碗机里拿出来。一起在厨房里干活也是一次宝贵的交谈机会。

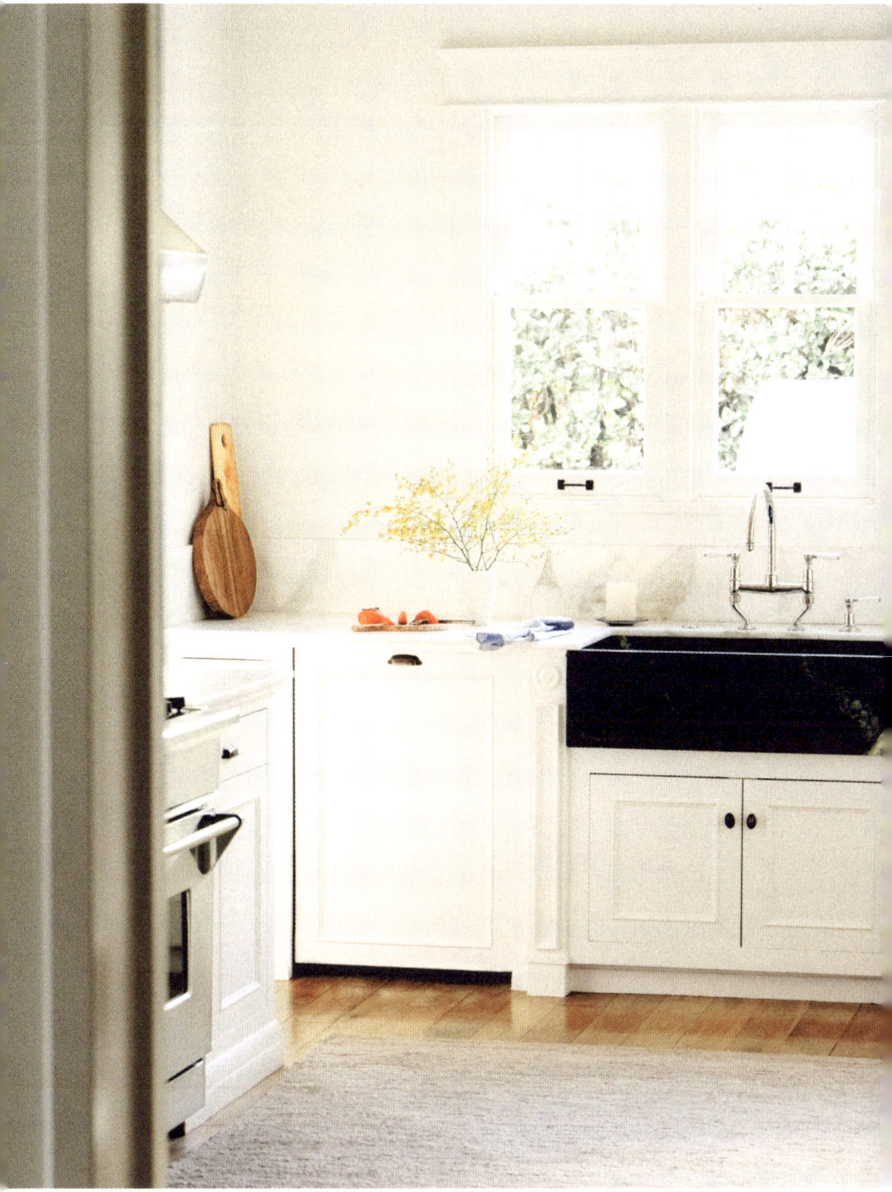

我的原则是永远不要在水槽或炉灶附近放任何东西，因为会溅到水渍或者油点。同时这样也方便马上擦拭台面，保持清洁。我尽量减少使用锅碗瓢盆的数量，并选择好用和容易打理的。

我把勺子和筷子等厨房用具都放在一个地方。其他物品会按照简单的分类，如盘子、厨具和调味料等进行存放，这样在用的时候就能马上找到。我把袋装食品，如干燥的食品，直立存放。我经常检查它们的保质期，以确保在它们变质之前用完。在存放冷藏食品时，我会把它们摆放在一眼就能看到的位置，这样可以尽量减少冰箱中的过期食品。有同样图案的食品容器可以给人一种更加整洁的观感。慢慢地寻找并收集一些小罐子或者你真正喜欢的其他厨房小物件，会是很有意思的事。

在整理结束后，我的一位客户向我自豪地展示了一个木制的纸巾架，这是她丈夫送给她的生日礼物。

"以前，我总是迫不及待地去买最新的厨房用具，"她说，"但现在我意识到，就算只是把一件物品换成我真正喜欢的东西，也能让每一天都变得非常特别。"

我理想中的厨房很干净，可以使烹饪变得有趣，让我能够享受和家人在一起的时光。

为了让厨房更好用，你想减少或增加些什么？为了让烹饪变得更有趣，你想不想升级一些烹饪工具，或者更换破旧的洗碗巾、老旧的厨房用具以及其他东西？

不要只注重实用性，
给你的空间增添一点趣味

有一个想法和灵感可以流动，工作可以快速、顺利地进行的工作空间真是太棒了，不是吗？无论你拥有自己独立的办公室，还是与他人共用一个房间，都让我们考虑一下什么

样的空间最适合工作。

当然，理想的工作空间要有整洁的桌面，书架上的书籍和文件也要分门别类地摆放整齐，而且没有多余的堆放，这样，所有东西就可以一目了然。所有的文件，甚至抽屉里的笔和文具，都应该竖直存放，这样当你一打开抽屉就能立即看到所有的物品。用这样的方式整理周围的空间也会促使我们养成新的习惯，给我们带来快乐。

我的一位客户把整理的习惯从家里带到了工作场所。她每天都会用抹布擦桌子，并且根据自己的心情，在工作场所喷薄荷或薰衣草味的清新剂。一天工作结束后，她会拔下笔记本电脑的插头，把电源线放在合适的位置，然后把电脑放到书架上的指定位置。回家前她的桌子上就只剩下了手机。

即使你在家工作，用能激发快乐的东西美化工作空间，而不是让它变得纯粹的实用，这样的做法也很重要。我喜欢在桌上摆一小株植物和一块闪亮的水晶。我会选择有趣的记事簿和颜色偏好的文件夹。我主要的书写工具是一支珍贵的钢笔，而且我只保留最少数量的铅笔和彩色笔，它们的用途将取决于颜色的深浅。我用薄荷或葡萄柚的香味来帮助我在任务之间进行转换。如果家就是你的办公室，那么变换香味

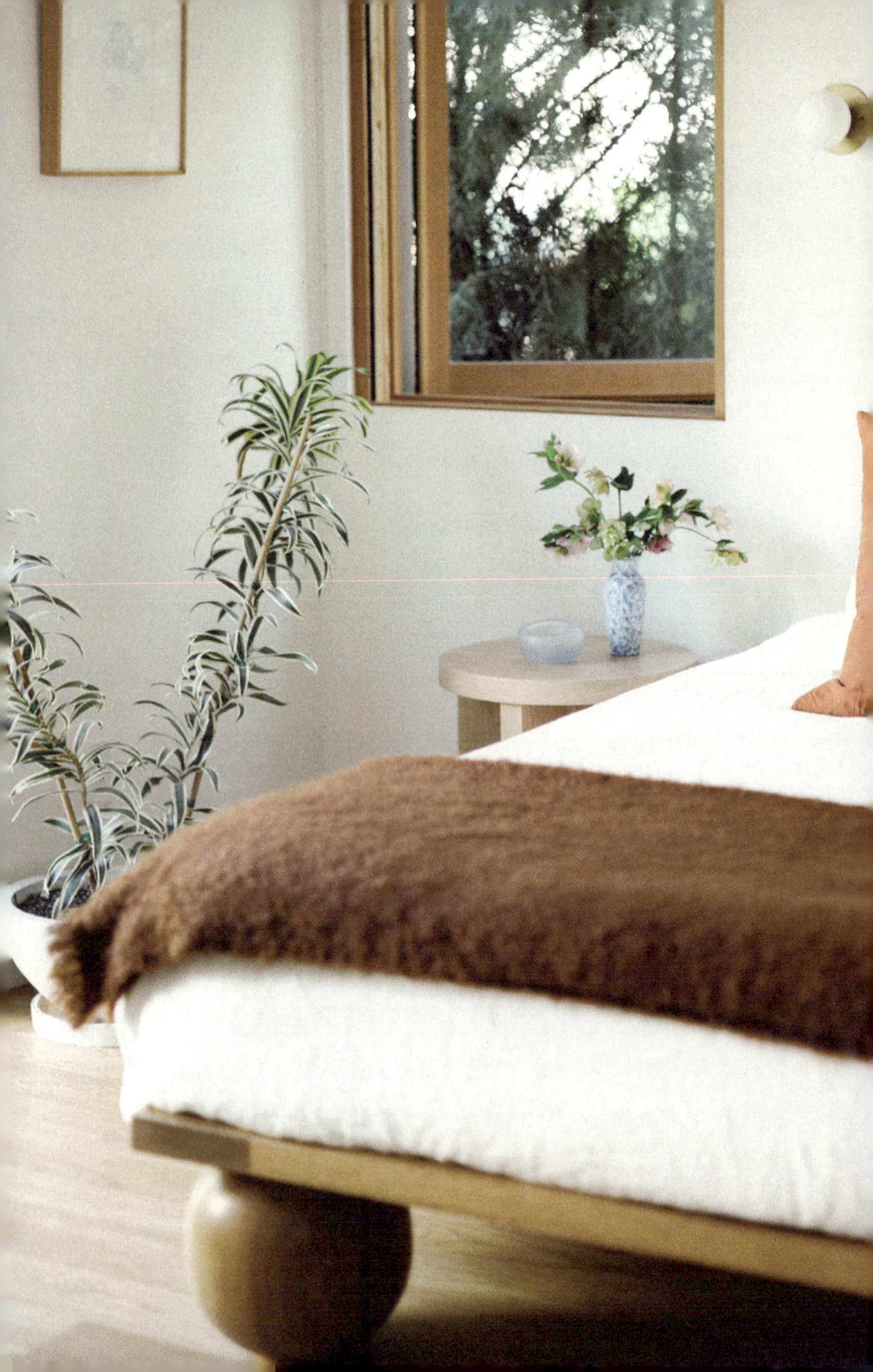

也是从工作模式切换到居家模式的好办法。同样，你也可以在工作时播放与私人时间不同类型的音乐。如果你把餐桌或厨房台面用作办公桌，我建议你把与工作相关的物品都放在一个托盘或篮子里，工作结束后就把它们放到看不见的地方，这样可以让你放松，而不是提醒你还有任务没有完成。

当我开始在美国教授整理课程时，惊喜地发现美国人经常用给他们带来快乐的私人物品，如家人的照片来装饰他们的桌子或者工作空间。

当我们专注于如何把工作空间变成一个愉快的工作场所时，这个空间本身就能激发快乐。在开始之前，最好先想象一下你理想的工作方式。

花点时间回顾一下你想如何开始一天的工作，以及你需要把时间花在什么事情上，比如，开会、进行深入的思考、通过阅读来获得灵感，或者收集信息。然后思考如何以一种让你感到愉快的方式来平衡这些活动，并根据这些想象制定自己的时间表。对工作空间内的物品进行考量，看它们是否有助于提高工作效率和激发灵感。花时间思考我们的工作方式，可以让我们在工作时更接近自己理想的状态。

卧室是你为新的一天
补充能量的基地

我理想中的卧室有一张舒适的床,床上有干净的床单和枕套,室内散发的气氛使我在放松和入睡时想要感恩这一天。床头灯和墙上的画都是精心挑选出来的,我非常喜欢。背景中缓缓地播放着柔和的古典音乐或轻音乐,空气中弥漫着淡淡的薰衣草或玫瑰的香味。插着一朵花的花瓶让人感到安慰。

我的一位客户在整理后做出的第一个改变就是更换床单。在那之前,她用的一直是蓝色床单,而在那之后她开始用她在壁橱里发现的,尚未拆封的粉色床单。她更加频繁地换洗床单,她发现睡在新的床单上令人非常愉快,而且她还发现自己真的很喜欢粉色。

"现在,在睡觉之前,"她告诉我,"我会环顾一下卧室,在心里感谢自己看到的一切。"

我会避免把任何发出不自然光线的物品放在卧室里。比如，如果电灯开关或防盗报警器上的绿色按钮发出的光太亮，我就会在睡觉时把它们遮住，让房间内的光线尽可能地保持自然。

有一间帮助你摆脱一天的疲劳，给你补充能量的卧室，这不是很好吗？

如果你早上醒来看到的第一件物品就能带给你快乐，那会是怎样的情景？当我们从睡眠状态过渡到清醒状态时，在

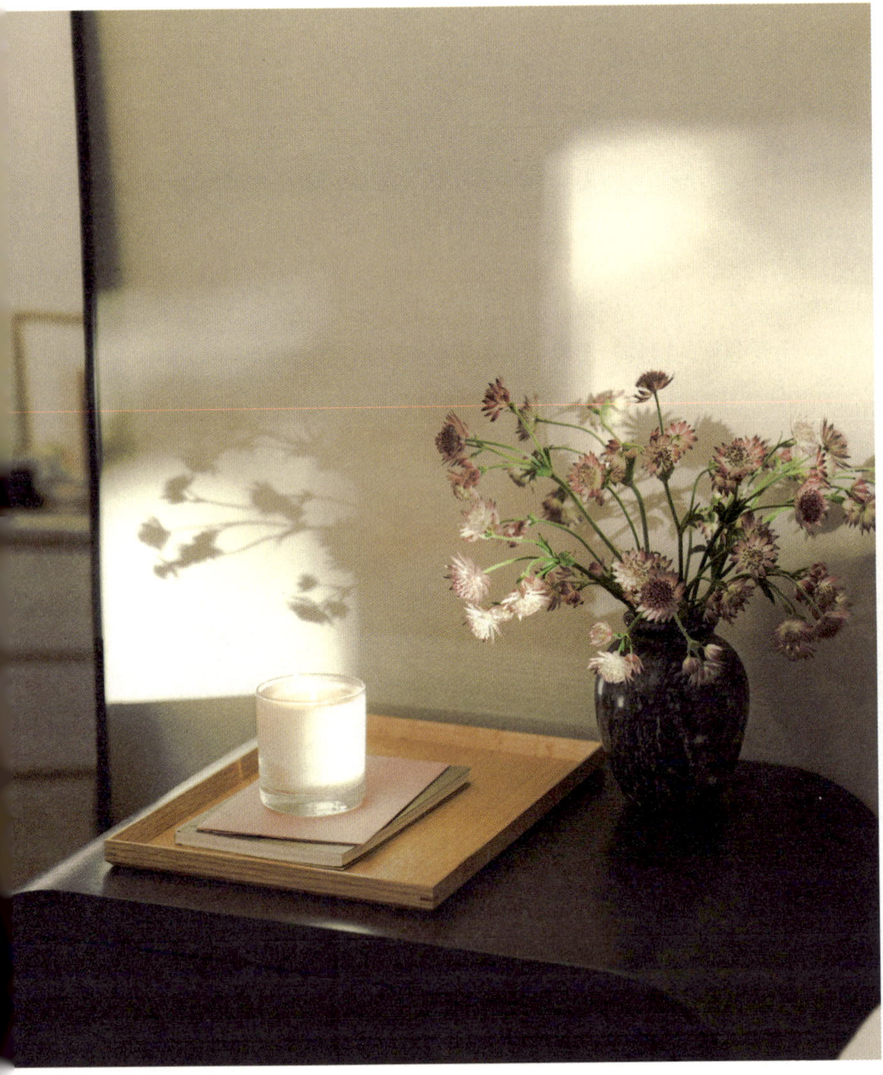

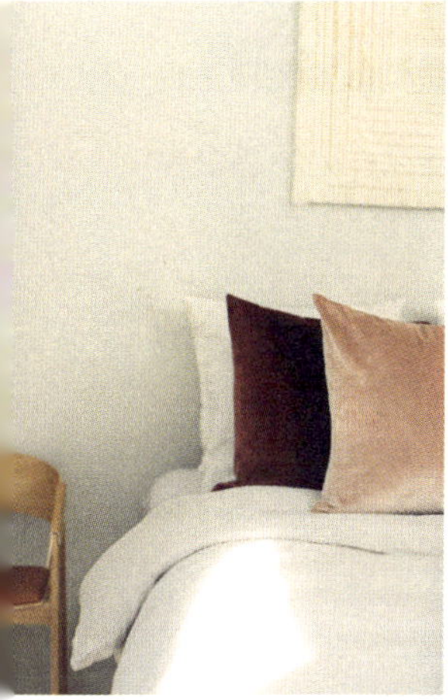
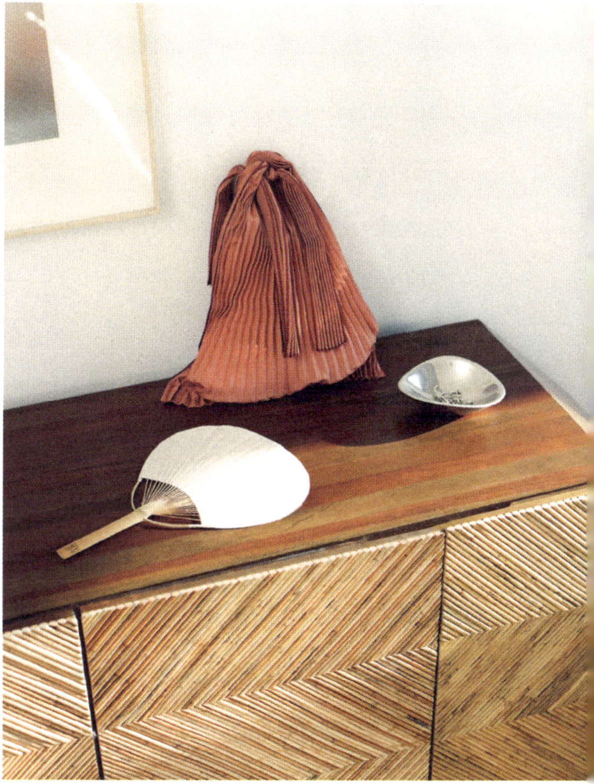

睡眠中占据主导地位的潜意识会与清醒时占据主导地位的意识一起存在一段时间。出于这个原因，我建议你好好布置房间，这样你睁眼看到的第一件物品就能激发出积极的想法和感受。

如果你的窗户正好对着大海这一类美丽的风景，那很棒。但即使你的卧室没有窗户，或者你只能看到隔壁的大楼，也不要担心。想象一下，醒来时第一眼看到什么样的物品会带给你极大的快乐，然后在设计房间时考虑到这一点。你可以在卧室里设置一个"快乐的壁龛"，在一个你首先会看到的位置放上你喜欢的东西，可以是一瓶时令花卉、一株室内植物，也可以是一件艺术品。你可以把它放在床头柜或者梳妆台上，如果这些位置没有地方的话，你也可以在墙上装一个展示架，或者挂一幅你喜欢的画或者一块花布。

你不需要太多东西，只要在卧室里设置一个能够激发快乐的视觉焦点，就能让早上醒来成为一种乐趣。

你想象中能够让你休息并产生感激之情的卧室是什么样的？你醒来时会先看向哪里？你能想象出自己一睁眼时，那里有什么能给你带来快乐吗？

整理衣橱，振奋精神

用心对待衣物会改变你与它们的关系，这将日复一日地带给你快乐。如果衣橱已经满得让你不敢打开，那没有什么能比叠衣服见效更快了。这个简单的操作几乎可以解决所有的衣物存放问题，只需将悬挂的衣服叠好放起来就可以腾出更多的空间。

那么，如何确定一件衣服应该叠起来，还是挂起来呢？任何飘逸的东西，比如，波浪形的连衣裙或短裙，都应该挂起来。如果你无法确定，就把它们挂在衣架上，然后在空中挥舞。如果一件衣服上下翻飞，那它就应该挂在衣架上。其他应该挂起来的还有构造很多的衣服，比如，外套或者西装外套。剩下的衣服就可以折叠起来了。

叠衣服不仅是把衣物折成一定的形状，也不仅是为了让你获得最大的储物空间。当你用手抚摸衣服时，你是在与它

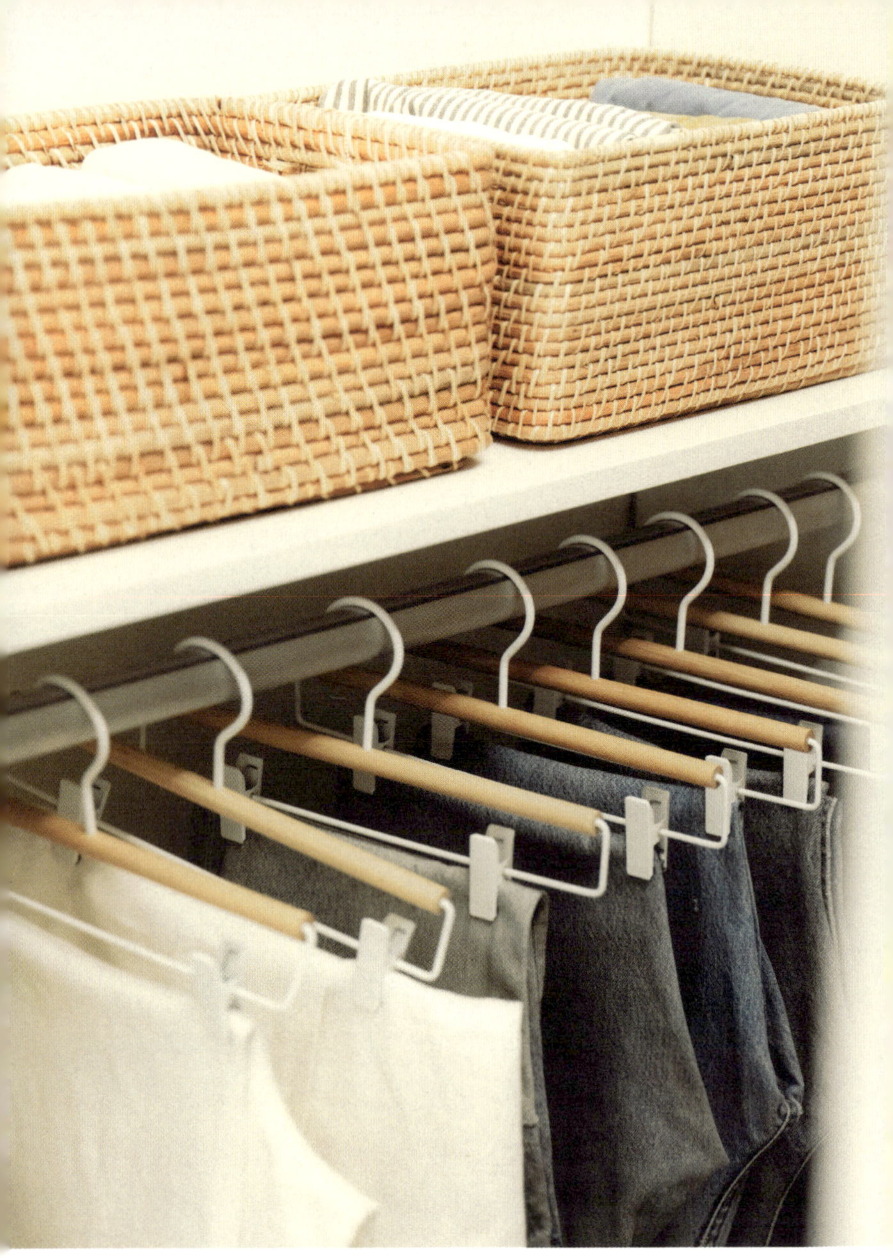

们交流，在传递爱和积极的能量。手掌轻柔地进行按压可以使纤维恢复活力。在把衣物弄平整时，你要感谢它们对你的保护。这样做会让你更加喜爱衣橱里的每件衣服，并且会提醒你为什么它们让你感到快乐。

正确地叠衣服只有一个简单的技巧，那就是将每件衣服都叠成一个直立平整的长方形。每件衣服都有最合适的折叠方式，我称之为"黄金分割法"。只是叠衣服就能让你每天都感到快乐，这不是很美妙吗？

一旦你叠完了所有的衣服并准备将它们收纳起来时，要把每件衣服都竖直地放进抽屉里，这样所有衣服的位置就可以一目了然。要确保衣服一件紧挨着一件，并按颜色变化摆放整齐，把相同色调的衣服放在一起。我把衣服按照从亮到暗的顺序，从前到后地摆放在抽屉里。当你按颜色整理衣服时，你可以立即说出每个颜色的衣服的数量。

现在是时候整理你的整个衣橱了。关键是要将衣服排列成一条向右上升的曲线。这样，当你打开衣橱时，就会感到精神振奋。试着用指尖在空中画一条上升的曲线，你能感受到它带给你的鼓舞吗？

为了形成这样的一条曲线，我会把长的、深色的厚衣服

挂在左边，然后把短的、浅色和亮色的衣服挂在右边，这样衣服的下摆就会由左向右形成一条向上延伸的曲线。最好同时按类别排列衣服，外套和外套、连衣裙和连衣裙放在一起。这将使收纳变得非常简单，而且很容易找到自己想要的衣服。

至于鞋子，如果你有内置的壁橱架子，可以专门用一两个架子来存放它们。如果没有，那就在挂着的衣服下面放置一个鞋架。普通的鞋子，如高跟鞋和皮鞋，放在底部，凉鞋和浅色的鞋子则放在更高的位置，同样的原理也适用于门口或前厅的鞋柜。最好把个子高的人的鞋子放在高处,把个子矮的人和孩子的鞋子放在低处。

如果你有一个空间充足的步入式衣橱,那么你可以用给你带来快乐的物品装饰里面。衣橱是你的私人空间,所以你可以全力以赴,把它打造成一片特殊的绿洲,或者用它来向自己最古怪的兴趣致以特别的敬意。

当新的一天开始时,你想在衣橱里看到什么样的东西来激励和鼓舞自己?

为自己一贯的风格
感到骄傲

打开衣橱看到里面全是自己喜欢的衣服会让人感到振奋。然而,有些人却失望地发现,在他们整理完衣橱后,剩下的衣服看起来都很相似,要么颜色相似,要么属于同一风格或者同一个品牌。

我的一位客户的衣橱里,最后留下来的衣服以米色和绿色居多。她向我透露,时尚杂志上哀叹人们风格一成不变的评论总是让她感到焦虑。"因为我一直穿着同一款式的衣服。"她解释道。她曾经大胆地突破自己,买了红蓝两色的衣服。然而最终它们从未离开过她的衣橱,因为穿上它们让她感到不舒服。

"也许它们已经完成了自己的使命。"我说。

"可如果没有这些红蓝色的衣服,我的衣服就全都一样了。"她抗议道,"如果办公室里的人开始叫我'米色女士'

或者'绿色火星人',那该怎么办?"

"你还认识其他总穿同一款式的人吗?"我问她。

"你提醒我了,"她说,"我的确认识不少这样的人。"

"你看到他们会觉得奇怪吗?你想知道他们为什么总穿一样的衣服吗?"

"不,"她说,"事实上,如果他们突然换上其他衣服,我反而可能会觉得奇怪。"

没错,让人意想不到的是,如果其他人总是穿着类似的衣服,我们大多数人都不会注意到。事实上,当他们穿着我们一看到他们就会联想到的衣服时,我们甚至会感到安心和宽慰。我过去也总穿同样款式的衣服,要么是连衣裙搭配开襟毛衫或运动夹克,要么是短裙搭配白色上衣。我工作时穿的衣服可能有80%以上都是以上这两者中的一种。直到有了孩子后,我的衣橱才开始有了一些变化,因为我开始穿更为休闲的衣服。我的大多数客户在整理完衣服后留下的都是同一类型的服装。即使是那些衣橱看起来很多样化的人,如果你仔细观察他们衣服的颜色或款式,就会发现他们实际上也是在遵循某种特定的模式。

整理衣服迫使我们直面自己的过去,包括我们在摸索什么适合自己时犯下的错误。尽管我们不愿想起，但衣橱里总有一些衣服会提醒我们自己曾经做过的一些尝试。有多少次我对着这些衣服轻声地说："谢谢你让我明白这种风格不适合我。"然后把它们作为"礼物"塞给了我的妹妹，她一度是我生命中"慈善捐赠"的对象，想到这些，我就会感到不好意思。（顺便说一句，这个例子很好地说明了我们不应该做什么。）

然而，在这个摸索过程结束后，最终留下的衣服绝对是最适合你，让你感到最舒服的。所以，自信地展示自己一贯的风格吧。在时尚行业的不断灌输下，我们才有了必须经常穿不同衣服的观念。将自己从这种误解中解放出来将是一种巨大的解脱，可以让我们真正地享受选择穿什么的乐趣。

不过，要是你渴望有一个更加丰富多彩的衣橱呢？我的许多客户在整理好衣服后会做色彩诊断，或者参加时尚研讨会，有意识地、客观地扩大他们对衣服的选择。这些都是突破自己穿衣风格的好办法。

至于前面那位喜欢米色和绿色的客户，她在整理自己的照片时突然大笑了起来。按照麻理惠收纳法，最后要整理的一类物品是照片，她要查看每张照片是否能给她带来快乐。

"看，"她说，"这是15年前的一张照片。"照片上的她穿着米色的下装和绿色的上衣。"家里的每个人都穿着和现在一样的衣服。我爸穿着灰色裤子和马球衫，我妈穿着白色T恤和有花纹的裙子，"她笑着说，"这让我感觉好多了。从现在起，我将自豪地宣布自己就是一名绿色火星人。"

尽管我个人认为她真的不需要这么称呼自己，但她还是很开心地过完了自己的整理节。

擦净鞋底
将为你带来好运

鞋子有一种奇特的吸引力。它们一方面是消耗品,但另一方面又像是配饰,甚至是艺术品。有些人对鞋子的热情导致他们收藏了大量的鞋子,他们不可能穿得过来。即使是那些不收藏鞋子的人,也至少曾经冲动地购买过一双让他们一见钟情的鞋子。

我自己碰巧也很喜欢鞋子。我太喜欢鞋子了,乃至有一天我竟然坐下来聚精会神地盯着它们看了很久。我把鞋子从橱柜里拿出来,在柜门前排成一排。我跪在地板上,盯着它们看了大约1小时。我很难解释自己为什么会这样,我只是突然想听听它们的烦恼。它们曾经在商店里大放异彩,现在却被关在橱柜里,似乎已经失去了信心。

"我知道了!我要把它们擦干净。"我心想。

我拿出擦鞋工具,开始一只接一只地擦,直到所有的鞋子都闪闪发光。当我擦完并把它们都放在一张报纸上时，我想我听到了它们说话。"擦一擦我们的鞋底。"它们仿佛在说。

打开你的鞋柜看看，你觉得它们很讨厌？还是很迷人？你的感受与鞋子的质量或价格无关。

在给一位客户上课时，在整理她的鞋子的过程中，我注意到了一些奇怪的事情。她把鞋子都拿了出来，然后一双接一双地拎起来，看它们是否会让她愉快，但这中间似乎出了一些问题。首先，她把鞋子都放在皱巴巴的旧报纸上。其次，她拿起鞋子的时候总是小心翼翼地伸直了胳膊，用拇指和食指拎着它们晃来晃去，哪怕是那些看起来可能会激发她快乐的鞋子。我想起了我让她把鞋子拿出来时她的表情，她不是做了个鬼脸吗？是的，她把鞋子看成了恶心的东西，尽管它们曾经像珠宝一样陈列在商店里。

我们衣橱里的任何物品都不会像鞋子那样，在购买前和购买后受到如此不同的对待。当然，这是因为一旦我们开始穿它们，它们就会沾上很多尘土，但那是因为它们整天都在面对我们生活中的污垢。毫无疑问，鞋子在做着最辛苦的工作。

也许当你穿着鞋子时，它们会和自己的邻居——你的短

袜子或长筒袜交谈。"今天真的很热。"你的鞋子可能会说。

"是的,确实很闷热。你们要坚持住哟。"袜子可能会这样回应它们。

但私下里,你的鞋子一定在想:"至少每次你们被穿过后都会被洗一洗,变得焕然一新。"

我们在对待鞋面和鞋底时也有很大的区别。鞋面经常被擦得锃亮,引来赞赏的目光,而鞋底却很少如此幸运。鞋底承担着吃力不讨好的工作,要在淤泥中跋涉,这样对待它们显得有些无情。它们应该受到特殊的对待,我们真的应该给予它们应有的尊重。

因此，我养成了睡前擦鞋底的习惯，或者在早上擦门口时我做的第一件事就是擦鞋底。我用这种方式向一整天都在支撑我的鞋子表达了感谢。

当然，有时我太忙了，但当我有时间遵守这个习惯时，我发现这比清洁其他东西更能让我的头脑保持清醒。我也想去一些适合干净鞋子的地方，有句话叫"好鞋带你去好地方"，但真正带我们到那里的是鞋底。毕竟，我们是通过鞋底和地面进行接触的。

如果你养成了擦鞋底的习惯，你可能会遇到一些特别的事情，比如，你发现了一家自己真正喜欢的商店，或者当你一时兴起在一家商店前停下时，发现了一些你一直想要的东西。

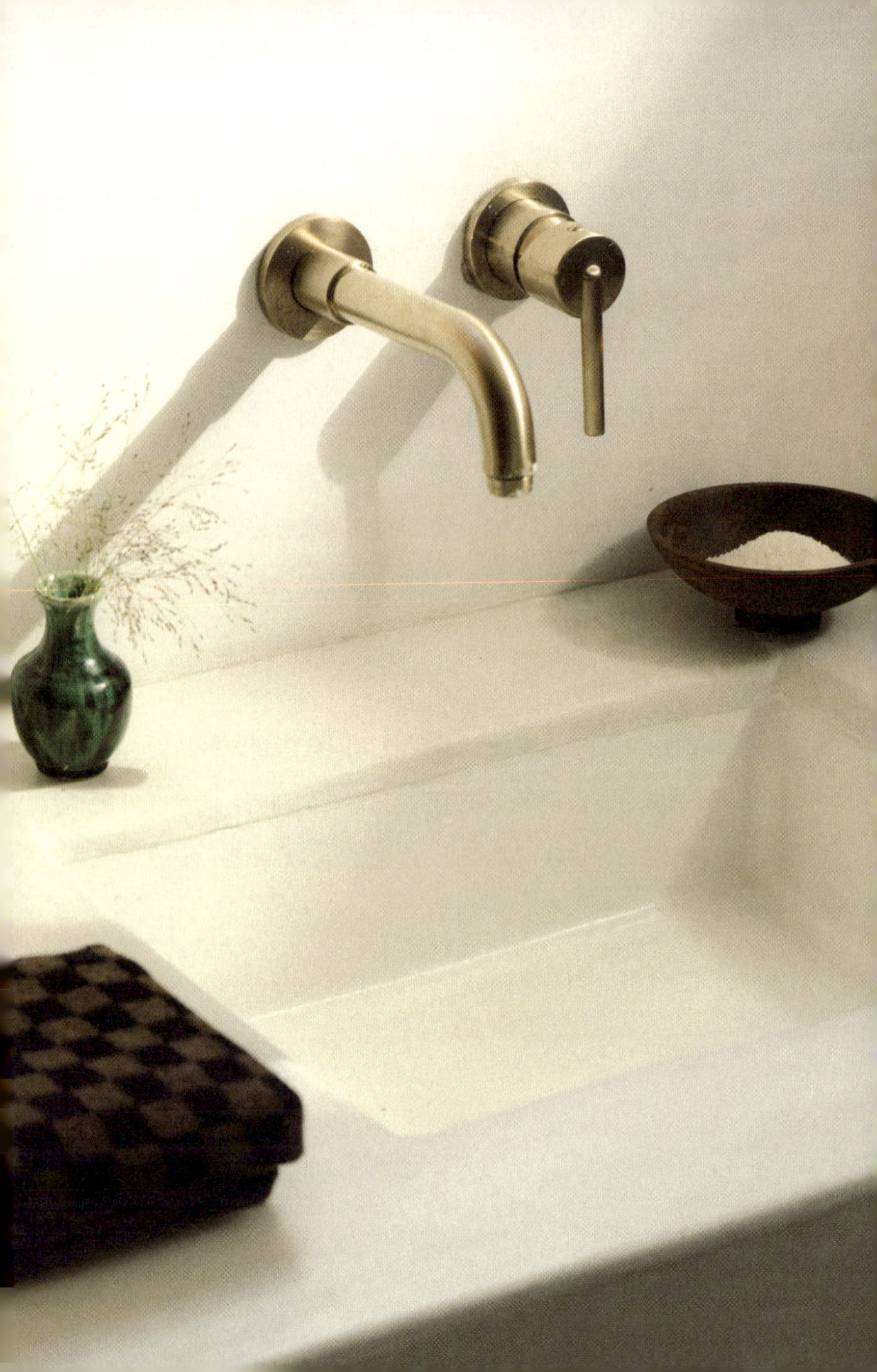

在浴室里只摆放那些
能够激发你快乐的东西

人们倾向于把浴室里的肥皂、海绵以及其他实用的沐浴和清洁用品放在可以看见的地方，但我建议把所有东西都放在视线之外，除了那些你喜欢看到的东西。例如，我把清洁剂和刷子放在橱柜里，还有洗发水和沐浴露，如果它们的包装不会让我感到快乐，我就会在使用时才把它们拿出来。还有一种办法是把你喜欢的洗发水和沐浴露换到你真正喜欢的瓶子里，然后把它们陈列出来。这样就可以确保你的浴室总能让人赏心悦目。

我的一位美国客户在他们宽敞的浴室周围摆放了盆栽，看上去就像在花园里一样，非常雅致。这是一个多么清爽的洗澡空间！虽然有这么大的空间很好，但即使空间很小，你也可以通过添加一些小的植

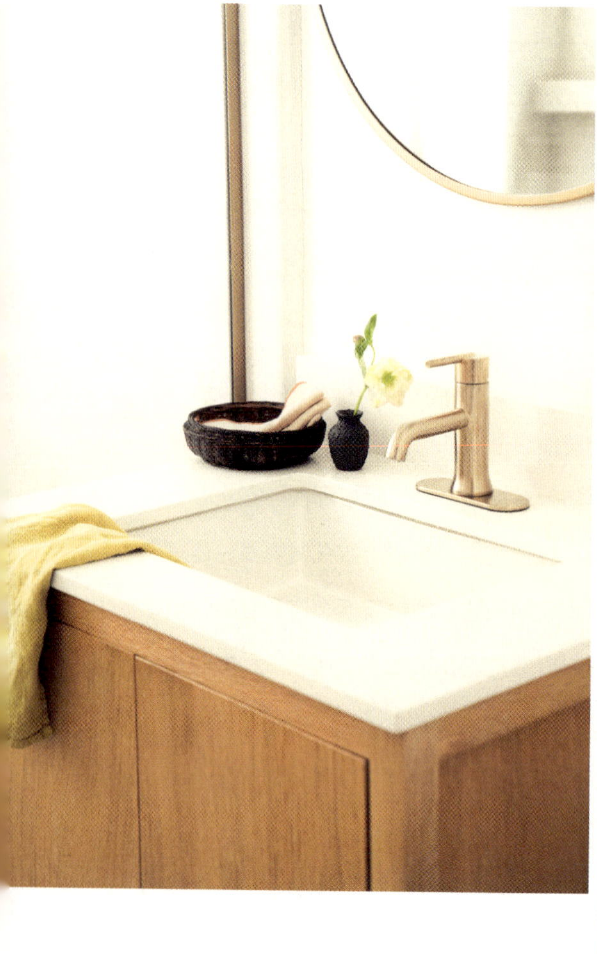

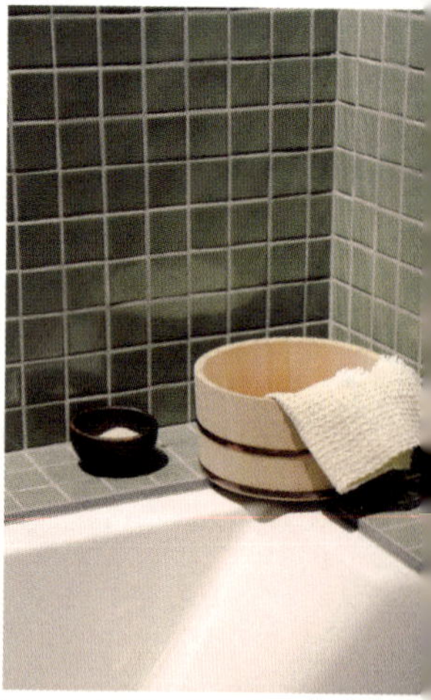

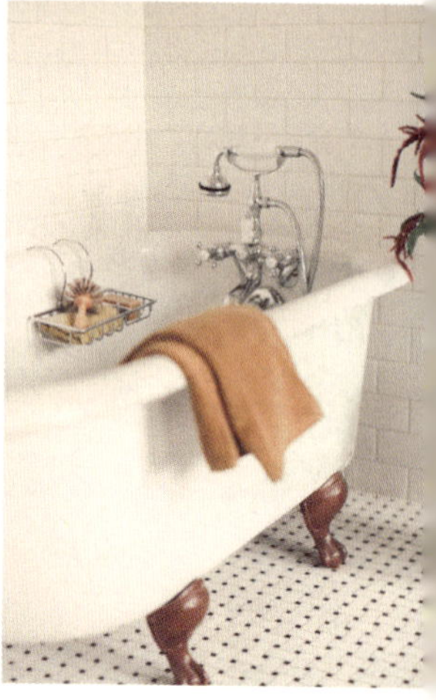

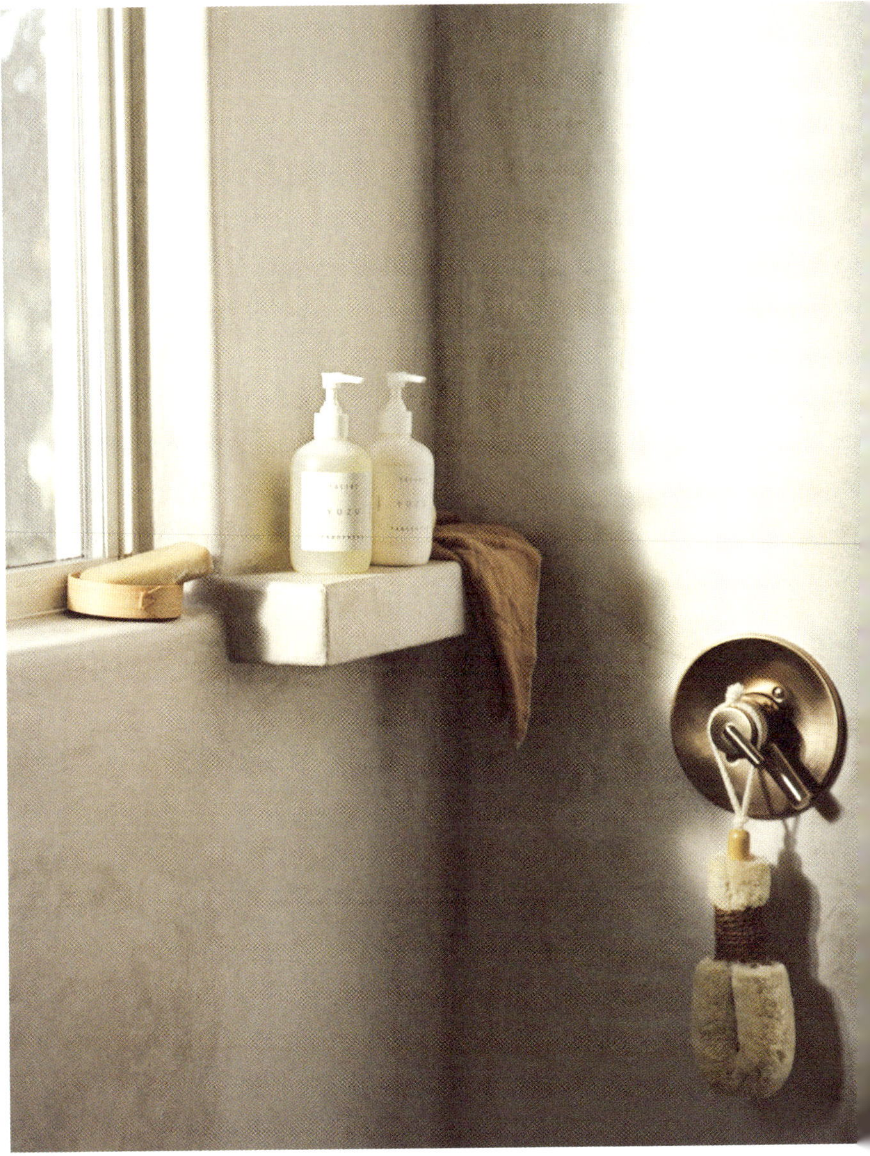
YUZU

物来达到你想要的效果。

日本人的家,尤其是城里人的家,通常要比美国人的家小得多,这通常意味着他们不可能有一个大的浴室。我住的那栋公寓很小,也没有太多的光线,所以我不能种植物。取而代之的是,每当我洗澡时,我都会把客厅里的一只花瓶放在浴室的架子上,以便让自己感到愉悦。我建议你添加一些自己喜欢的浴盐或蜡烛等元素,让洗澡的时间尽可能变得特别。

你想采用什么样的收纳空间或者收纳盒来让自己感到快乐?你想用什么样的花或装饰品来装点你的浴室?

用流行的颜色和图案
装饰你的收纳盒和抽屉

当你整理完毕，并选择了那些能带给你快乐的东西后，就该重新设计你的收纳空间来激发快乐了。就我个人而言，我更喜欢用柳条或竹子编制的，或者黑白色的，简单漂亮的容器。我还喜欢用环保物品，比如，用再生纸制成的纸箱或有机棉做成的箱子。

如果你用的是透明的塑料抽屉，你可以在抽屉的正面内侧贴上漂亮的明信片或包装纸，来让它们变得独一无二。如果你在选择分隔板时也考虑到了这一点，那么当你打开抽屉时，会感到非常快乐。想想该如何规划空间，以便将所有的东西都竖直存放，这样每件物品的位置就会一览无余。

如果你能找到合适的收纳盒来存放所有为你带来欢乐的物品，那会让你感觉好极了。你可以用手头已有的收纳容器，哪怕是鞋盒也可以，但如果有人为此专门购买一些设计精美、

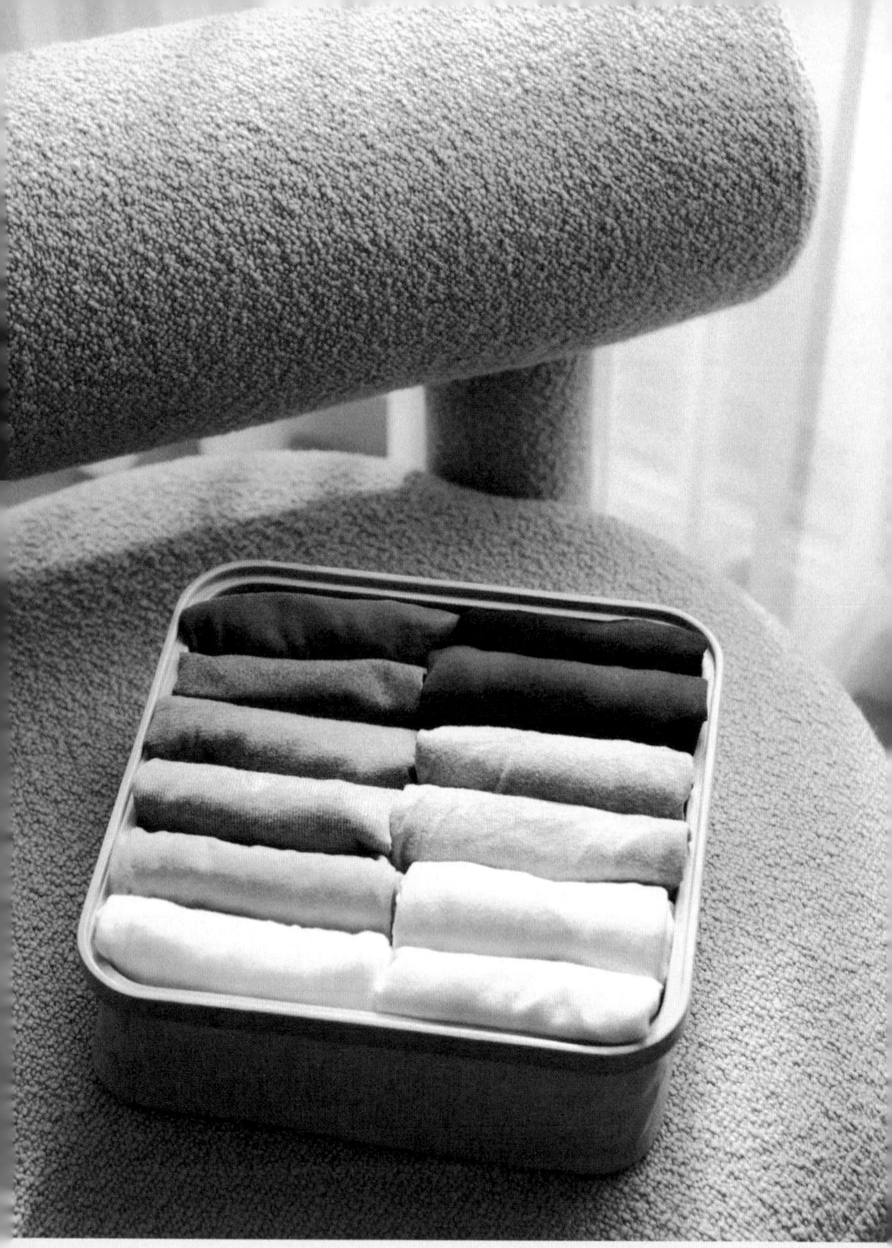

坚固的容器，并因此感到兴奋，那也很好。

用自己理想的收纳盒和抽屉进行收纳是很有趣的，你可以把所有东西都分门别类地以恰当的数量放进去。

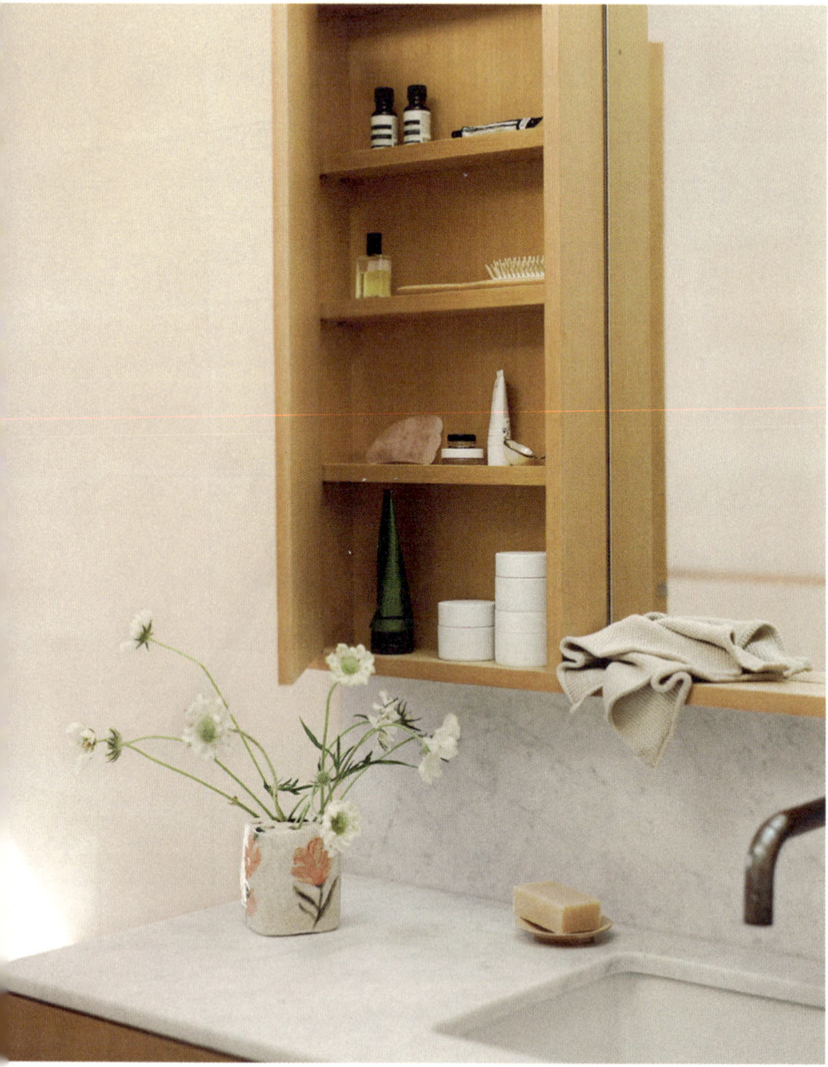

布置洗手间，
让能量保持流动

对洗手间或者厕所来说，清洁就是一切。由于这里的存储空间非常小，所以定期清洁至关重要。虽然你在这里待的时间很短，但这是你们家的"排毒区"，因此重点是不要让这里看上去被堵塞了。

我建议把卫生纸放在篮子里或者一块漂亮的布下面，这样就看不到了。为了净化空气，我个人更喜欢有木质香味如桉树香味的非化学空气清新剂。按照日本的传统，我会在洗手间放专用的拖鞋，并选择色调相配的地垫。除此之外，还需要增加一些装饰，比如，你喜欢的明信片或者装饰品，这些物品可以根据季节或者你的心情进行更换。

我的一位客户把洗手间的四面墙从上到下贴满了贴花纸。墙的下半部分贴的是长长的罂粟花。她还在地板上铺了一张毛茸茸的绿色垫子，看上去就像草地一样。当你置身其中就仿佛踏入了另一个世界,漫步在鲜花盛开的田野之中。这让我想到,我们应该在自己家里自由地进行尝试。

你理想中的洗手间要用什么样的主题色?洗手间有何种香味会让你心情愉悦?

刺激家中的压力点
来使其保持健康

指压是日本的一种按摩方式，让人感觉很舒服。我的外祖父是一名针灸师和艾灸师，同时也是一名研究中日传统医学的学者。因此，我从小就知道很多关于压力点和如何保持健康的知识。我上小学时，外祖父就已经开始给我做指压和手法按摩。到了高中时，我会心甘情愿地接受针灸治疗。外祖父会用一种看起来很像可疑的科学实验中用到的仪器来给我治疗，他把带电线的针头扎进我的压力点，然后让温和的电流通过这些压力点。"健康就在于循环。"当他果断地插入另一根针时会笑着说。不管看上去如何，外祖父的治疗方法还是非常有效的。

由于我在这样的环境中长大，压力点和循环这些词语成了我生活的一部分。所以，我在整理时很自然地会想：家中的压力点在哪里，是什么阻碍了空气的流通。（如果这听起来有些奇怪,你可以把它看作折磨整理专业人员的职业病。)

可是,如果房子或者公寓有压力点,你认为它们可能会在哪里?打扫哪些地方会让空气更加自由地流动?

答案是家里的入口、中心位置和有管道的区域。尽管事实上还有许多其他的压力点,但解决这三个地方的问题会产生立竿见影的效果。人们很容易理解为什么清理有管道的区域,比如,洗手间和厨房水槽,非常有效。这些区域一旦被使用,人们马上就能看出来,因此整理后的效果也是最显而易见的。我前面也提到了入口就像通往神社的大门一样,可以清除我们带回家的所有污垢。所以,更难把握的可能是家里的中心位置。

第一次拜访客户时,我总是正式地跪下问候他们的家。我会在他们家的中心位置做这件事情。从一开始,每当我走进一户人家,我总能感觉到有个地方的空气似乎发生了变化,像旋涡一样在旋转,变得厚重,而这个地方总是靠近房子的中间位置,不管那里是走廊还是储藏室,感觉总是一样的。

在我第一次发现这一点后,我在一本风水书上看到了一幅名为"能量流动路径"的示意图。上面显示从前门进来的能量在房子的中心盘旋，然后沿着对角线穿过对面的墙离开了。这与我在客户家中感觉到的空气流通路径是一样的。一旦这个中心位置被清理干净，从入口进入的空气就会更加自由地流通，使整个房子看上去更加轻盈。

既然你已经意识到了这一点，那么你可以让这个家的压力中心在日常生活中为你服务。你不需要做任何特别的事情，这个地方有没有柱子或家具也没关系，只要这里没有垃圾就好。你要确保没有人在那里放置垃圾桶或要丢弃的物品，以及任何显然已经不会再用的东西。否则，不安感就会迅速渗透整个家。

这让我想起了我的外祖父——一个健康爱好者，度过了漫长而又充实的一生。他曾经说过："你要保持表情明亮和肠道通畅。除此之外，只要保持干净，就可以维持健康。"

如果将这一原则应用于我们的家，我们就应该让家的脸面，也就是入口保持明亮，使家中的肠道，也就是中心位置保持整洁，而任何有水管的地方，如浴室和洗手间都要干净光亮。关注这三个压力点，就可以让我们的家保持快乐和健康。

井然有序的车库
让人感到愉快

我过去认为车库只是一个停车的地方。但当我搬到美国后，它们的大小让我感到十分惊讶。美国的普通车库比我在日本见过的任何车库都要大得多。这样的后果是许多人都把它们用作储藏空间，经常在里面塞满季节性的物品和其他杂物。定期检查车库里的东西会让你注意到自己实际上到底拥有多少东西。

整理可以把车库从储物空间变成一个让人愉快的地方。麻理惠收纳法的一个核心原则是分类整理，它也同样适用于车库。我建议把物品分成几类，比如，特殊场合的装饰物、各种工具以及露营装备等等。就像整理你的家一样，先把所有的同类物品放在一起，然后触摸每一件物品，只保留那些能够让你感到快乐的东西。

当你选择好所有能带给你快乐的物品后，便将它们分

类存放。在车库里存放物品的关键是所有东西的位置要一目了然,这样可以最大限度地发挥车库作为存储空间的功能。把所有东西都放在同一类型的容器里会让空间看起来更加整洁。灰尘和污垢很容易进入车库,所以最好用带盖的容器。任何可以在容器中竖直存放的物品都应竖直来存放,我们的目标是当你打开盖子时，能一眼看到容器中的每件物品。给容器贴上标签并把它们放置在金属架上，那样家里的每个人都能知道东西放在哪里。

当你完成基本的整理后，为了让你的车库激发更多的欢乐，我建议你用自己喜欢的东西装饰它，就像装饰你的家一样。如果有一面空墙，就把房间里放不下的照片挂在上面，或者为特殊的爱好设置一个角落。装饰车库，将它从停车场或者储物棚变成一个更快乐的空间。想办法把它变成一个带来快乐的空间是件有趣的事情。

你想在车库里用什么样的储物容器？塑料箱？硬纸板箱？还是篮子？用什么样的配色方案和收纳体系效果最好？什么样的装饰会改变你的车库？

用你想看到的风景
装饰墙壁

有一天在上整理课时,我发现自己坐在镜子前,脖子上裹了一条毛巾。

那天的客户是化妆师 S。"说到化妆,"她说,"平衡当然很重要,但事实上,脸是各个部位的集合。有些部位你可以改变,而有些部位则不能。例如,你不能改变你的骨骼结构,就像你不能通过装饰来改变房子的实际结构一样。而且就像地板上最好没有杂物一样,皮肤也是越干净越好。"

她打开她的大型化妆盒,然后继续向我讲道:"虽然脸颊是配角,但是可以彻底改变你的整张脸,这取决于腮红的颜色和涂抹的方式,我想这有点类似于间接照明。眼睛是你的窗户,厚涂的睫毛膏就像华丽的窗帘一样。"

在整个讲解过程中,她都在熟练地给我化妆。"但是,如果你想马上彻底地改变自己的形象,最好的办法就是改变发型。头发覆盖了很大的面积，而且有很多打扮方式，比如，你可以把头发束起来或者加一些饰品。"

她抓起我的头发示范。"这么说来，你刚才谈到的装饰墙壁，就像打理头发一样，不是吗？"

对了，墙壁。现在我想起来这一切是怎么开始的。半小时前我还在谈论墙壁时，她突然开始给我上起了化妆课。

整理完毕后，如果你的家显得有点光秃秃的，那么下一步就是装饰墙壁。从广义上讲，你的家有四个部分：地板、墙壁、窗户和门。但毫无疑问，能马上达到翻新效果的最有效的方法就是专注于墙壁。墙壁覆盖了很大的区域，可以用艺术品、装饰物或任何你喜欢的东西随意对其进行改变。

我家的墙上挂着大约 20 幅镶框的画，包括挂在洗手间和入口的一些小幅的画。这些画从真正的油画到随意装裱的刺绣，什么样的都有，是我从单身时就开始收集的一些喜爱之物。

比如，其中有一幅版画是莫奈的《睡莲》系列之一，从住进东京的公寓开始，我就一直拥有它。在这个拥挤的城市中，我的梦想就是住在水边。我四处寻找我想从窗户外看到的风景的图片。当我偶然见到莫奈的睡莲漂浮在翠绿的池塘

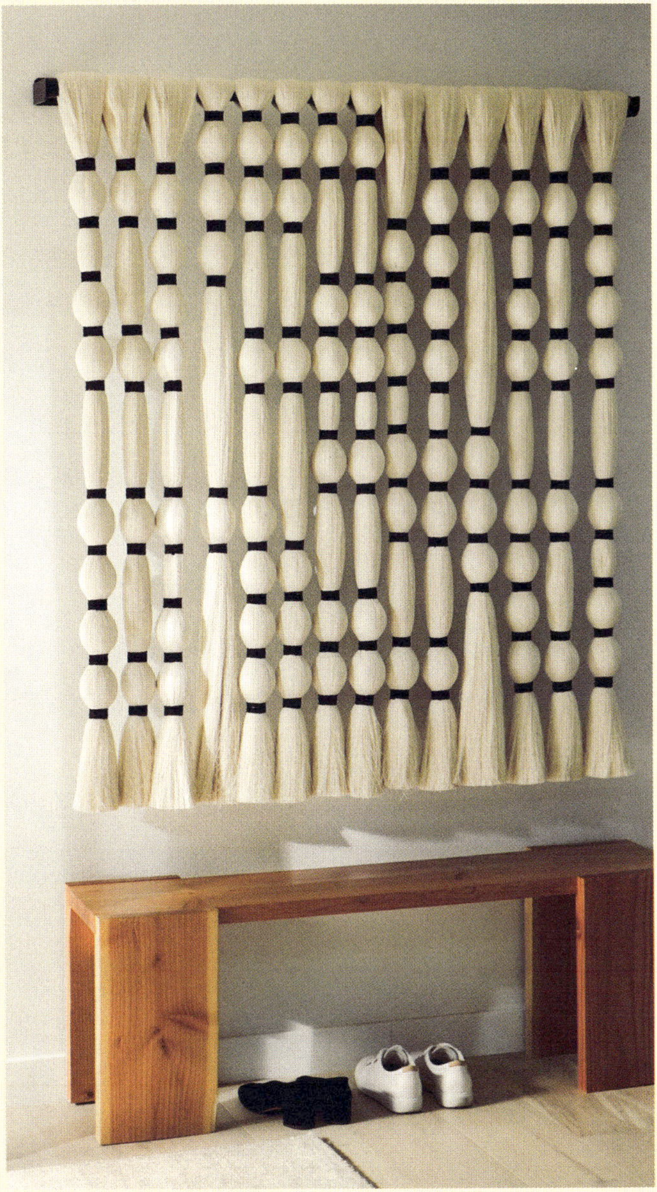

上，便对它一见钟情。虽然这只是一张便宜的海报，但我为它装上了窗户大小的框架。它现在就挂在我的洗手间，在水池对面的墙上。每当我从镜子里看到翠绿色的池塘，仍然感到很快乐。

我的一些客户提出了有趣的想法。一位喜欢观星的客户在夜晚的时候，用家用天象仪把星光璀璨的夜空投射到了墙上。而另一位客户由于用餐区没有窗户，便在一张英式花园的海报前方挂上了窗帘，以满足她在吃早餐时凝视花园的愿望。

如果我们可以用墙壁来呈现我们想在房间里看到的风景，那么任由墙壁光着似乎就是一种浪费。当你看出去的时候，想看到什么样的风景？

如果你已经整理完毕，却感觉还是不对，这表明你需要添加一些快乐的元素。这时，你要从装饰墙壁开始。在你意识到之前，你的家就会变得充满快乐。

打造让人快乐的
户外空间

从很小的时候起,我就梦想拥有一栋带花园的房子。小时候,我们家住在城里的一套公寓,只有一个阳台。当时,日本的阳台只能用来晾晒衣服,没有地方种植物。结婚后,我们住的公寓也有一个阳台,但这次我可以用它来种植物,而不是挂衣服,因为我们有烘干机。我在素混凝土地板上铺上了木托盘,用一排排花盆搭建起属于自己的原始花园。我可以自信地说,即使只有一个阳台,也可以享受园艺带来的乐趣。

当你在考虑户外空间时,想象一下你将如何度过在那里的时光,这很重要。就我而言,我想坐在阳台上欣赏我的植物,

我还想从窗户里看到它们。这算不上一种奢望，但我渴望实现它。

如果你住在一个不太适合种植物的地方，比如，拥挤的市中心或干旱地区，你也许想换一种方式享受在户外的时光。也许你理想的户外空间是一个带有烤架或火坑的户外厨房、一个冥想的空间，或者一个迷你的高尔夫练习场地。也可能

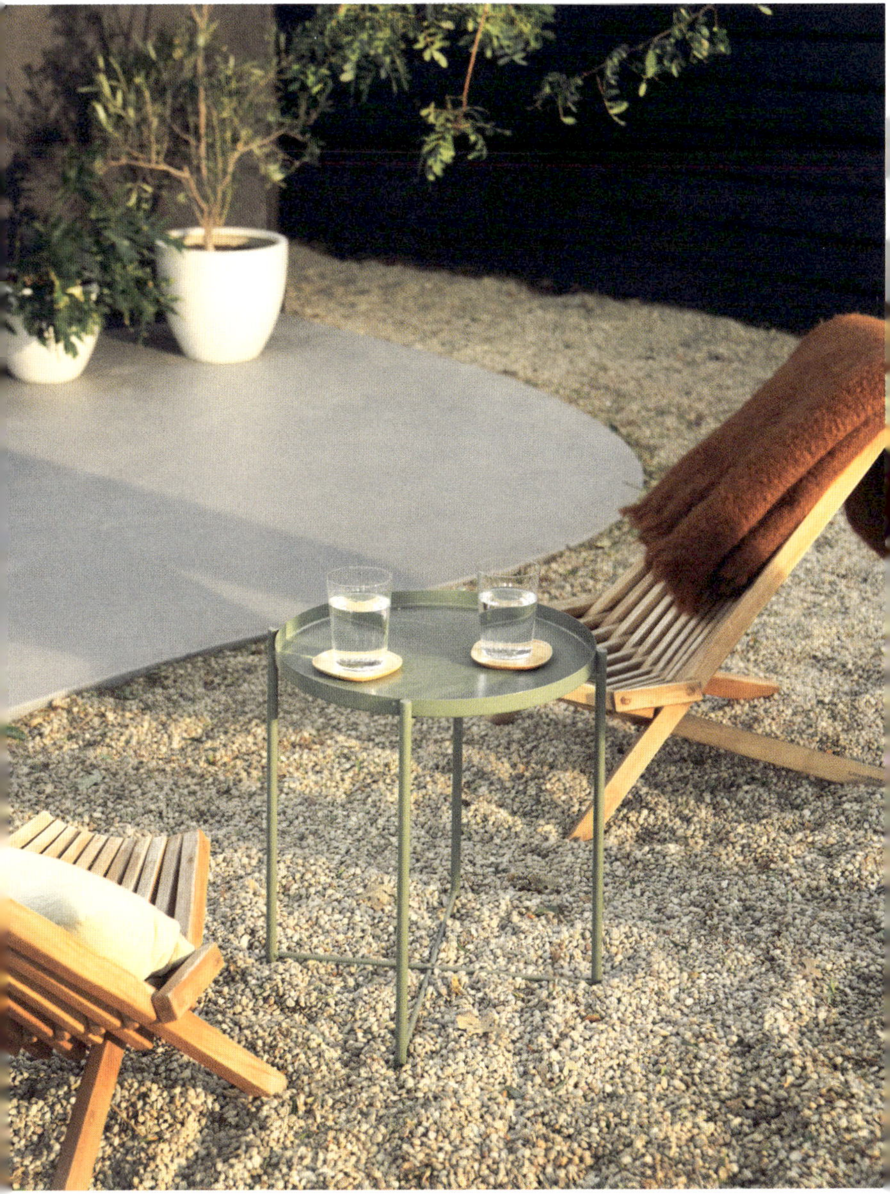

你更喜欢在外面放一把自己喜欢的椅子，早上坐在那里喝咖啡，挂一个吊床用来小睡，为孩子们建一个游戏区，或者摆一张桌子供家人和朋友聚会。让你的想象力自由地发挥，想象出能给你带来快乐的生活方式。

如果你想不出自己该如何度过户外的时光，我建议你看看不同的人的生活方式，读一些关于将美丽的花园融入自己生活的人的书，并在杂志或网上寻找吸引你的庭院和甲板的图片，你一定能找到关于如何利用自己的户外空间的提示。哪怕只是寻找与你想要的生活方式相匹配的花园或户外环境，也能激发快乐。

园艺就像整理

在很长的一段时间里,我以为自己永远都做不好园艺。我喜欢多叶的室内植物,在日本的时候,我经常尝试种一些,但失败多于成功。我尽心照料,却让入口处的一棵发财树,以及一株我最喜欢的绿萝都枯萎了,花盆里的所有香草也都死光了。

搬到美国后,我惊讶地发现人们经常雇用园丁。我们租的第一栋房子有一个美丽的花园,由专业的园丁精心照料。当我流连于花草之间,看着它们生长时,得到了一种莫大的乐趣,我的内心不禁产生了想要尝试园艺的冲动。我从一个小型的香草园着手,种了一些相对受欢迎的植物,如迷迭香和薰衣草,它们可以用于烹饪。取得成功后,我便开始思考自己下一步种些什么,比如种一些开花的植物或者蔬菜。然后,我逐渐扩大了种植的植物种类。

我曾经帮一个电视节目整理一个可食用植物的苗圃。在那里，我就自己的花园咨询了苗圃的工作人员，并请他们描述他们是如何工作的。他们告诉我成功的秘诀是"试试看"，他们鼓励我去尝试任何我感兴趣的东西。他们还告诉我，要打造自己的梦想花园，我需要的只是一些基本知识，比如，如何将肥料混合到土壤中，以及种植某些特定品种的最佳时间。他们的鼓励和建议进一步激发了我对园艺的热情。

"试试看"和"温柔体贴地照料"，这些词既适用于园艺，也适用于整理。有多少人把园艺这件事一推再推，并告诉自己总有一天自己会去做的，这也让我想起了整理。想象一下你理想中的花园，把它设计成你喜欢的样子，种一些让你快乐的植物。记住要用那些让你开心的工具，找一把造型可爱的小铲子或者一个能和你交流的花盆。随着收集到的能激发快乐的工具日渐增多，你会从园艺中获得更多的乐趣。同样，这些方法也会增加我们在整理和日常生活中的乐趣。

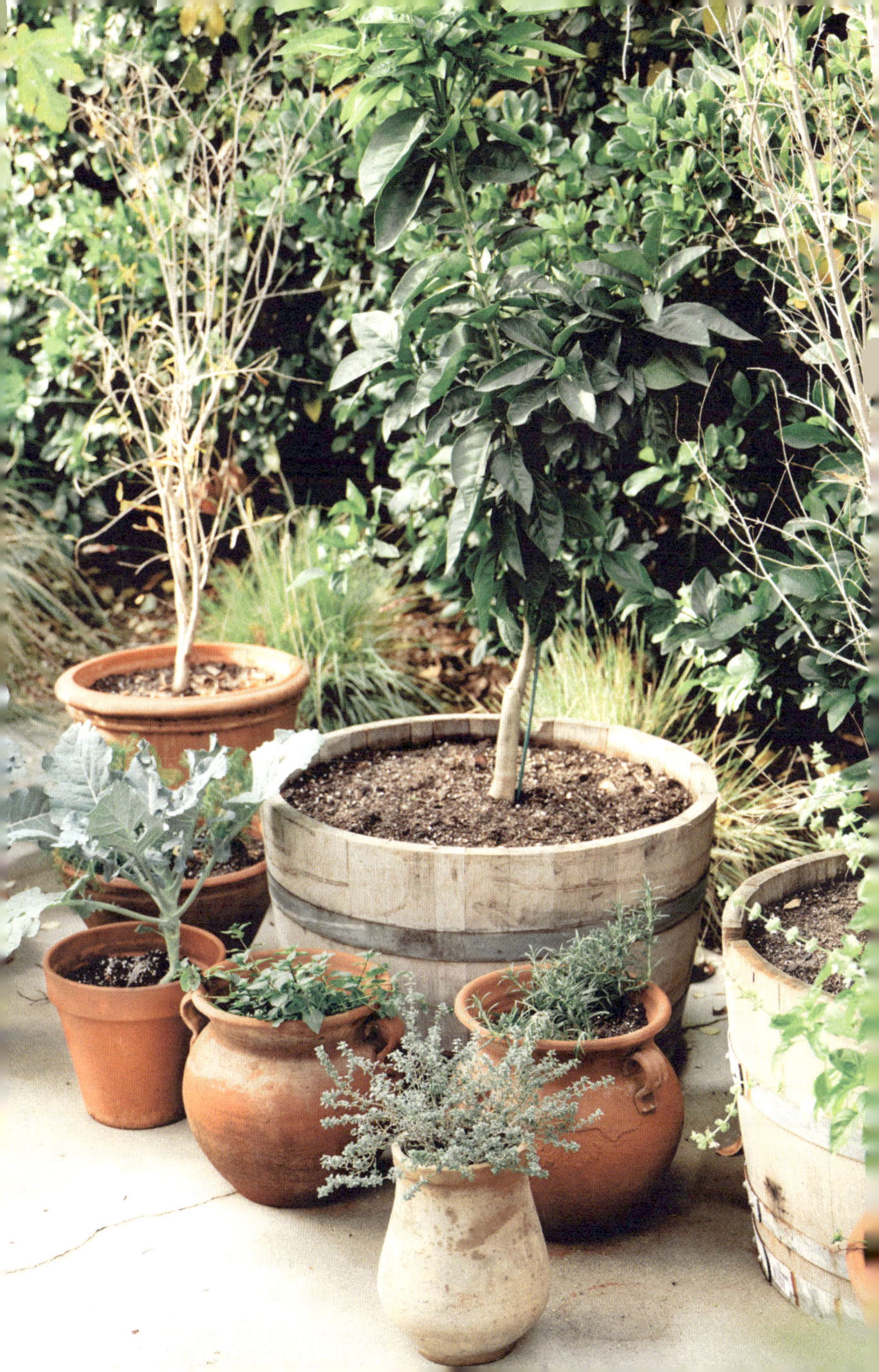

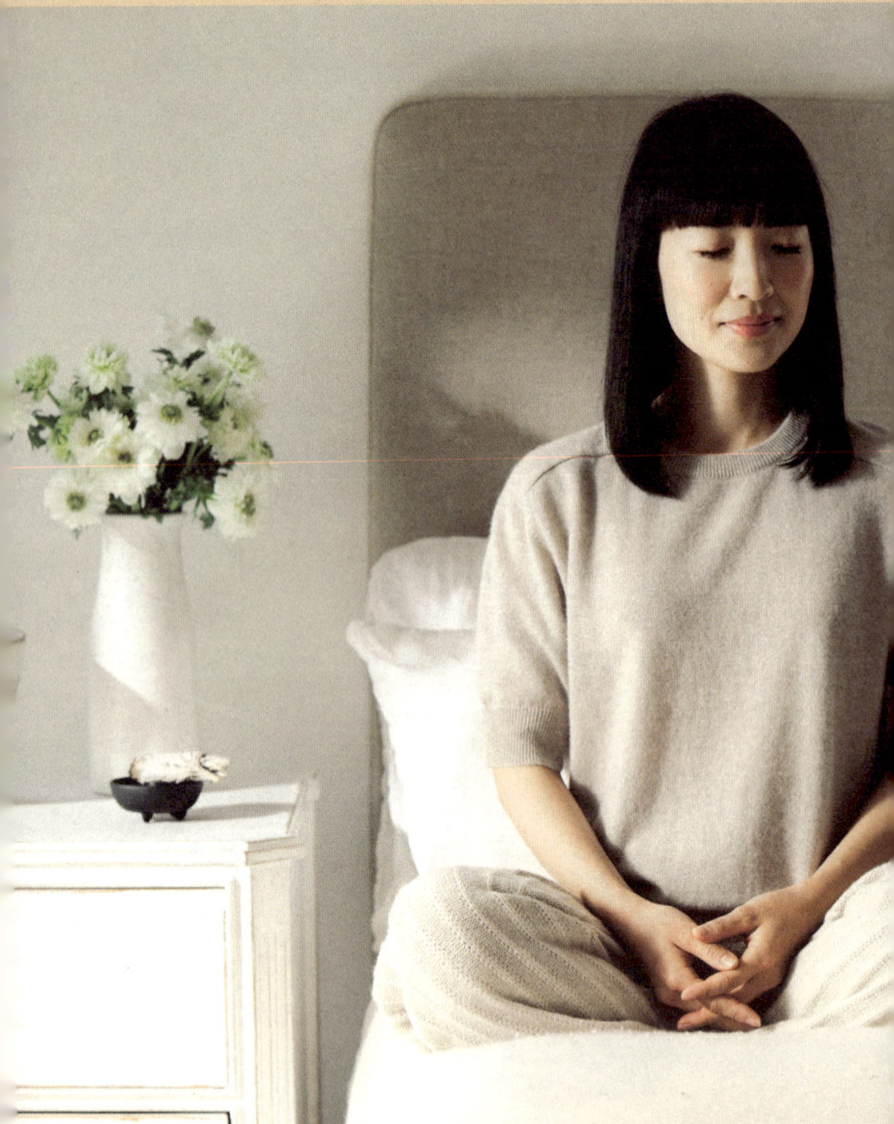

4
—

快乐的早晨

美好的一天取决于我们如何醒来以及如何开始这一天的生活。本章将帮助你思考理想中的早晨，以便于你思考能够激发快乐的习惯和行为。

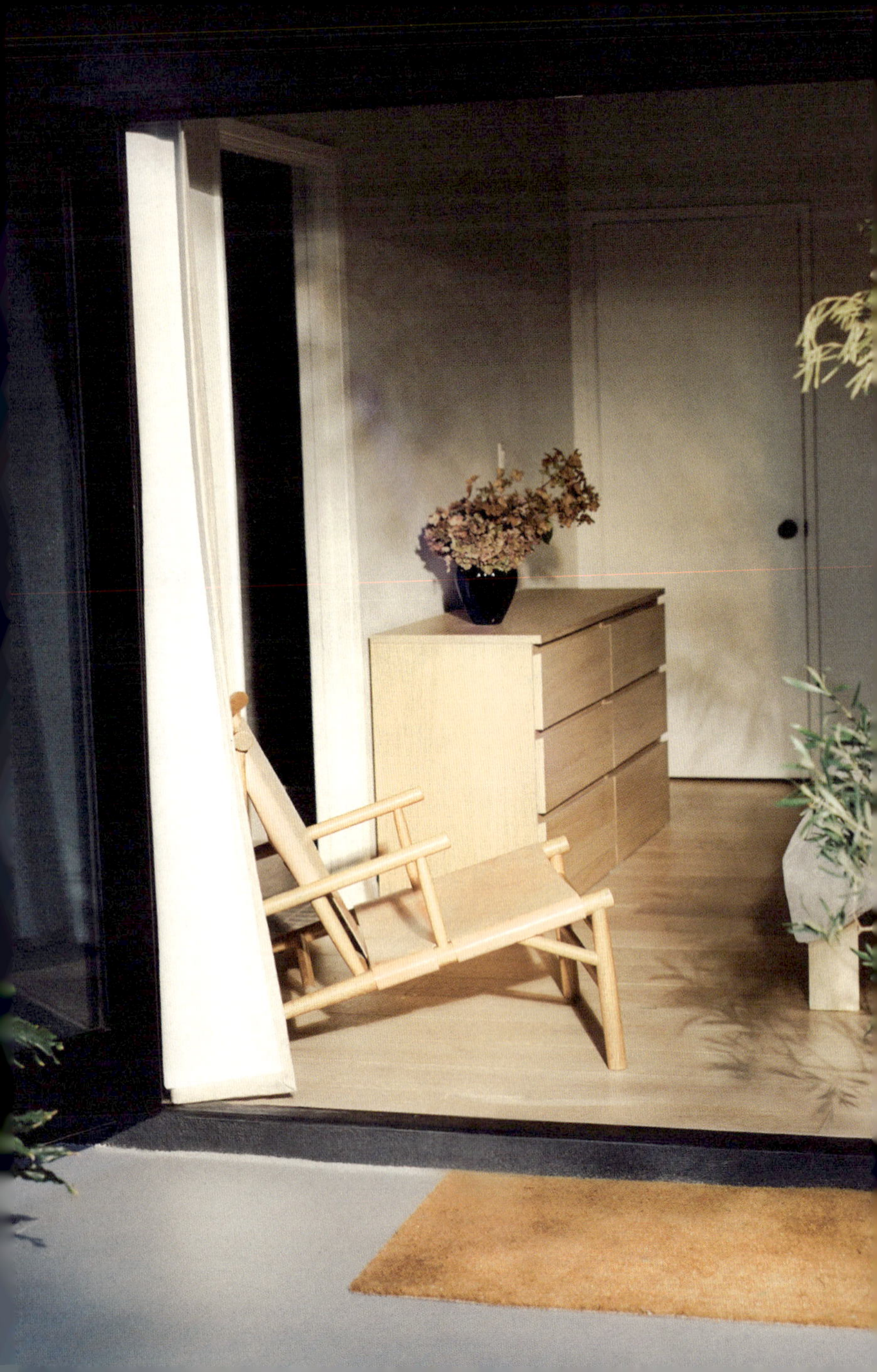

什么样的早晨
能让你一整天都更加快乐?

对我来说,开启一天的最好办法就是打开窗户,让新鲜的空气进来。我认为,我们早上醒来时已经完全不同于昨天的我们。睡眠消除了积压一天的挫折感,令我们焕然一新。因此,我想做的第一件事就是让新鲜的空气净化我的空间,消除挥之不去的迷雾。

我会根据自己的心情点燃乳香、薰衣草或绿檀香等熏香。在许多地方,熏香都被象征性地用来净化空间,这就是为什么在佛教仪式上会通过焚香来驱除不幸。一旦感到神清气爽,我就会像问候家人一样对自己的家说"早上好!",这是我独自生活后养成的习惯。

为了让身体恢复活力，我会在每天早上漱口。我最近开始用阿育吠陀油作为漱口液，这种做法被称为油拔法[1]。当我感到自己的嘴干净了，就会喝一杯热水，这样有助于在早餐前清空肠胃。我尽可能地等到饿了再吃早饭，我会先做一些家务或者完成一些与工作相关的任务，这样我的肠道就会开始蠕动。我发现，在清理完身体后再吃早餐确实能促进新陈代谢，让自己更轻盈、更有活力。

---

1. 一种古老的阿育吠陀疗法，可以清除口腔内、牙齿间的细菌，从而改善口腔与身体系统的健康，其有美白排毒的功效。

养成新习惯只需要坚持 10 天

养成什么样的习惯才能让我们每天都更加快乐?

焚香,健身,回家后清空包里的东西,这些只是我养成的一些日常习惯。从表面上看,养成一个新的习惯似乎很麻烦。所以,有些人还没尝试就放弃了,因为他们认为这是不可能的，或者因为他们太忙了。养成新的习惯很难，但对我来说，有一个关键性的方法似乎很有效，那就是连续坚持10天，每天都做。就像麻理惠的整理原则一样，在短时间内彻底地完成一件事情。

为什么不能每3天做一次，而要每天都做？因为这是我们开始改变行为模式的第一步，需要最大的能量。

首先，如果你把最初的目标定为10天，而不是告诉自己从现在开始以后每天都要做这件事情，那么激励自己，让自己坚持下去要容易得多。其次，如果你开始就养成了3天做一件事情的习惯，那么你必须花更多的精力才能改成每天都做。把这个过程分成两个阶段简直是在浪费精力。

虽然一开始看上去工作量很大，但只要坚持10天。如果你在有限的时间内重复新的习惯，就更容易形成一种规律。很快你就能享受到这个习惯带来的快乐，也许它能让你的头脑更加清醒，让事情变得更容易，帮助你找到地方存放你拥有的每件物品，或者让你在一天结束时能够清空自己。

直到最近，我才养成了做阿育吠陀油拔的习惯，我每天早上都会用白芝麻油漱口。一开始，油的味道让我感到恶心，我怀疑它是否真的像人们说的那样管用。然而，在连续做了

10天之后，我的皮肤变得更加柔软，我也习惯了口腔里含着油的感觉。从那以后，我就一直保持着这个习惯。

当然，如果你意识到自己不能在这10天里把它变成一个日常习惯，或者你更喜欢每4天做一次，那么你也可以相应地调整你的生活规律。当你打算做一件新的事情，我认为刚开始设置更高的门槛，更容易让你体验到养成新习惯所带来的极致快乐。

这种方法最适合用在不需要任何技巧的事情上，比如，每天晚上清空包里的东西。学习一门新的语言或者钢琴需要多年的练习，但选择任何人都能做的事情，你几乎可以马上就看到效果。

那么，从今天开始，你想在接下来的10天里养成什么新习惯呢？如果你已经完成了所有的整理工作，我相信你可以成功地建立起你想要的任何新的习惯。

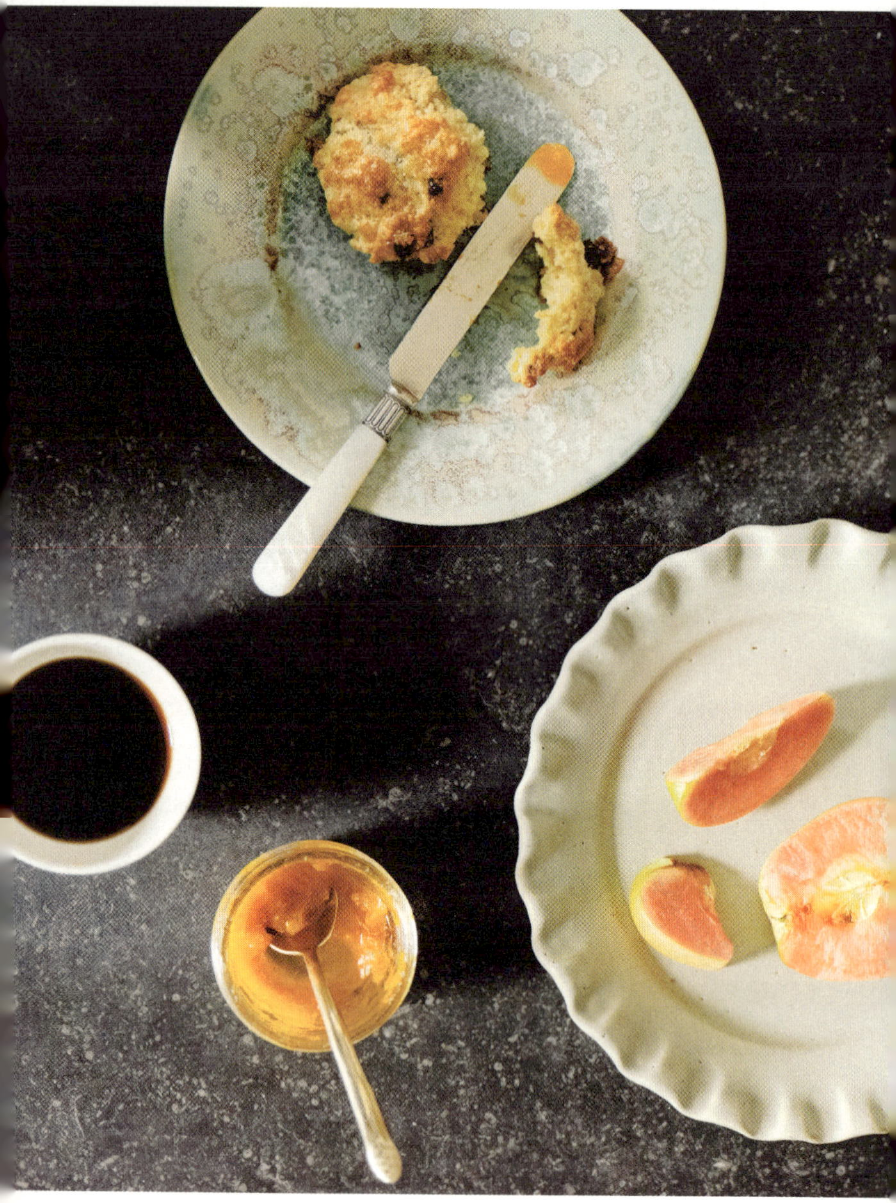

花点时间吃早餐
会让你更加健康

我们家通常吃日式早餐。我们总是吃米饭并搭配味噌汤,还有鸡蛋或前一晚的剩菜,米饭是在一个被叫作土锅的传统陶锅里做出来的。这是一顿简单但营养丰富的早餐。在等饭煮熟的过程中,我会查看自己的日程安排,浏览当天需要完成的任务。

早餐桌的氛围和菜单一样重要。我们尽最大努力做到全家在孩子上学前一起吃早饭,我们还经常播放舒缓的音乐,比如古典钢琴曲,这会让他们离开家时保持心情愉快。

如果你经常在家吃早餐,我建议

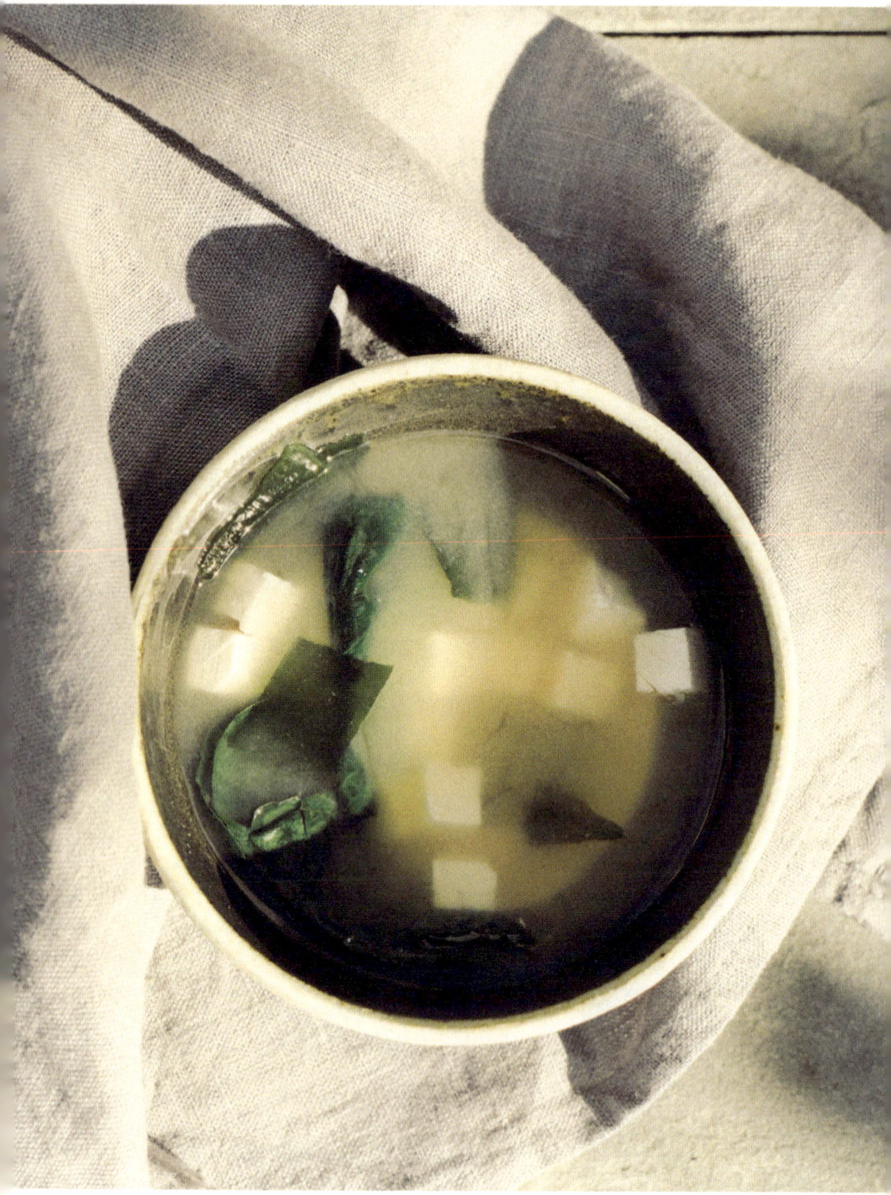

你增加一些不同的东西，让这段时间变得特别。如果我们在吃饭时让手机分散了注意力，或者只是在拿钥匙出门前随便吃几口，那就失去了让早餐成为一天当中宝贵的一部分的机会，这似乎有些可惜。

尽管如此，但有时我太忙了，我做早餐的目的完全就是把食物送进每个人的嘴里，我会唠叨着让孩子们吃快点。这时，我会停下来反思，然后尽可能地让早餐成为一种积极的体验。

麻理惠的味噌汤

4 人份

3 杯水
1 条昆布
2 个干香菇
1 杯切好的豆腐块（根据自己的爱好选择软硬程度）
1 杯切碎的菠菜
1 汤匙干燥的裙带菜（可选）
2 汤匙自制的味噌（食谱参见第 135 页），或是在商店购买的味噌

我们每天早餐都喝味噌汤，它的制作方法非常简单，只需要有日式高汤、味噌和一些蔬菜或者其他配料即可。我尽量自己动手制作味噌酱和高汤，但用商店里买的味噌和高汤也能做出美味的味

噌汤。自己做味噌酱也很容易（参见第135页我的自制食谱），只需将煮熟的大豆捣碎，加入盐和日本酒曲（麦芽米）搅拌均匀，然后放在一个密封的容器里，让其发酵就可以了。味噌酱大约发酵6个月就可以食用，而且它很好保存，如果我一次做8磅[1]，每年只需要做一两次就够了。

要做简单美味的日式高汤，可以把一条昆布（干海带）和两个干香菇浸泡一夜。如果时间紧迫，可以参照后面的其他方法做一个快速高汤。

你可以随意添加汤料，我喜欢加豆腐、菠菜和裙带菜，你可以把自己喜欢的任何东西加进来。

在一个中等大小的锅中加入水、昆布和干香菇，浸泡一夜。

做汤时，把锅放在中火上。在水烧开之前把火关掉，用漏勺把昆布和香菇捞出来，切成薄片再放回锅中，或者另作他用。

加入豆腐、菠菜、裙带菜，用中火煮开，然后将锅从火上取下。

把味噌放在一个小碗里，用汤勺将高汤慢慢加入碗中，

---

1. 1磅合0.4536千克。

搅拌至味噌完全溶解，然后倒进锅里搅拌。

再把锅放到小火上，不要让汤完全烧开。然后，将锅从火上移开，把汤舀入碗中即可食用，当天做的汤是最好喝的。

其他做法：要做一份快速高汤，可以用 1 茶匙速溶高汤粉或鲣鱼高汤代替昆布和香菇。用大火把水烧开，然后将火调至小火，加入汤粉搅拌至溶解。后面按照食谱继续即可。

味噌
分量为 8 磅

把大豆放在有盖的大锅中，加入温水没过豆子。把大豆搅拌一下，然后用漏勺把它们沥干。重复这个过程两三次，直到水变得清澈，表面不再有泡沫。将冲洗过的大豆放回锅中，加入足够的水没过豆子大约 3 英寸[1]。将豆子浸泡一夜，或者至少 10 小时。

把浸泡过的豆子沥干，放回锅中，加入足够的水。用大火煮开，然后把火调小，用文火慢炖 2 到 3 小时，直到豆子

---

1. 1 英寸等于 2.54 厘米。

变得足够软，可以用手指捏碎。记得把锅盖留出一点缝隙，让蒸汽排出。偶尔要搅拌一下，防止豆子粘在锅底，并根据需要添水，以保证水没过豆子。

沥干豆子，保留煮豆子的水。用土豆捣碎器将温热的豆子包括皮捣碎，直至顺滑。也可以把豆子放在一个结实的塑料袋里，用擀面杖或手掌将它们压碎。要注意，温热的豆子比冷却的豆子更容易捣碎，所以动作要快一点。将捣碎后的豆子冷却至30℃以下，然后加入酒曲。

将酒曲和盐放在一个大碗中混合，加入捣碎并冷却的大豆，用一个大勺子进行充分搅拌。用手将混合物做成棒球大

2磅干大豆（如果可以的话，用有机大豆）
2磅干酒曲
1磅盐，可以多加一点盐，防止在撒和称重的过程中分量减少

小（直径3英寸）的结实的圆球。如果混合物太干无法成形，可以加入一点煮大豆的水，直到它们粘在一起。将圆球一次一个紧紧地压入带盖的大密封容器中，将味噌做成容器的形状，这样味噌球之间或者味噌和容器之间就不会留有空气了。注意要确保味噌的顶部平整光滑。

在表面轻轻地、均匀地撒上盐，然后将保鲜膜或羊皮纸紧贴在表面上，以确保味噌和塑料之间没有空气残留。再将一袋4磅重的盐压在顶上，然后盖上盖子。

在阴凉、黑暗的地方，如食品储藏室或抽屉中储存至少6个月后再打开。发酵完成后的味噌可以在冰箱的密封容器中储存长达1年的时间。

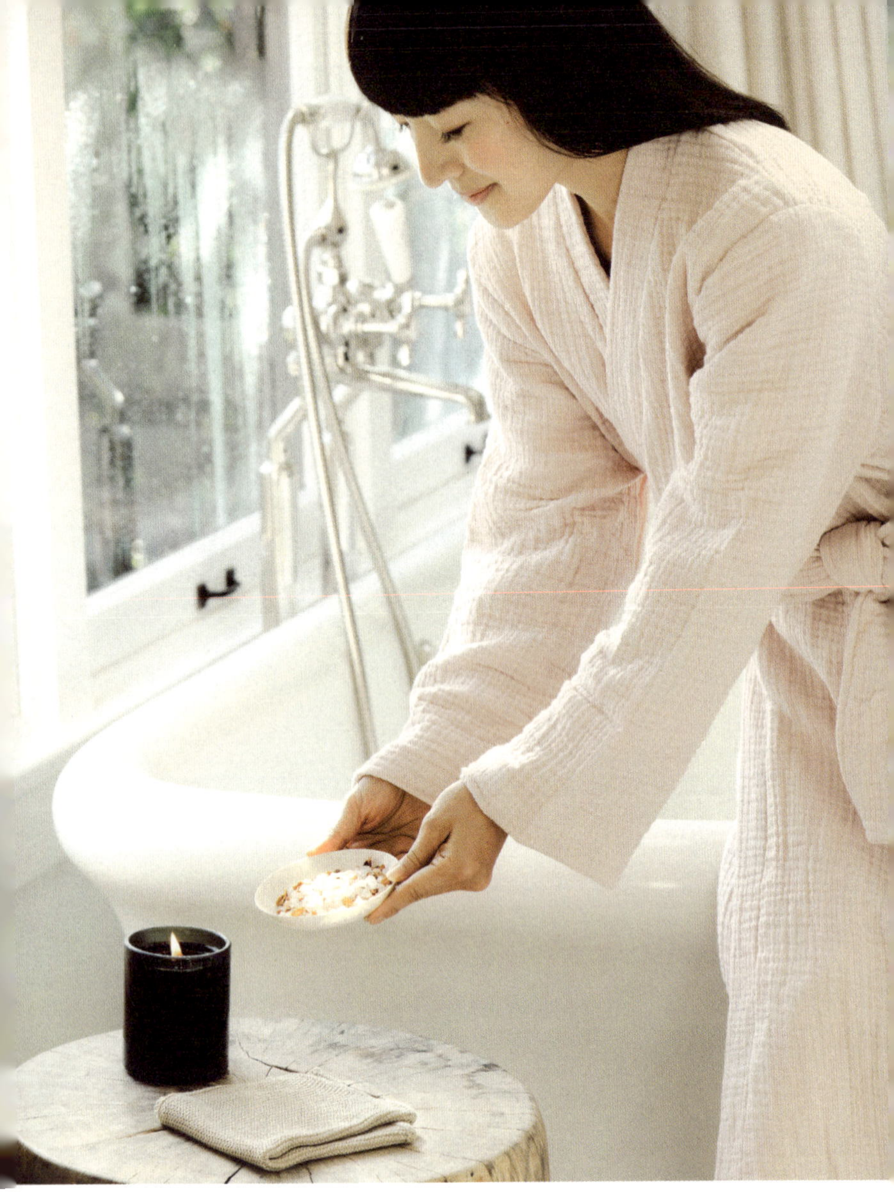

应对一家人的早晨就像指挥一首交响乐

快乐早晨的关键是不要太匆忙,给自己一点额外的时间很重要。我丈夫大约在 4 点的时候起床,当我 6 点起床时,他已经干了很多活。我会在 6 点 30 分叫醒孩子们,这样他们就可以为上学做准备了。在他们离开之前,我们会坐下来悠闲地吃完早餐。这就是我们家理想中的快乐早晨。

留出富余时间的关键是要把早上需要的一切都放在指定地点,选择的地点要便于使用。例如,我们会把孩子们上学时需要的梳子、书包和水壶之类的东西放在明确指定的地方,这样他们醒来后就可以顺利地进行准备,不用浪费时间四处寻找。

为了确保孩子们能够按时起床,我们会让他们早点上床睡觉。他们会在睡前选择第二天要穿的衣服,这减少了早上准备的时间。如果他们睡过头,我们没有那么多时间时,我

们会把早餐换成方便用手拿着吃的食物，如馅料营养的饭团。这样我们就不需要催促孩子了。

不管有没有孩子，方法都是一样的。考虑一下你晚上做什么能避免早上的紧张，然后提前做好准备，让一切尽可能顺利。时间宽裕一定会让你的早晨充满欢乐。

为什么不给自己一个美好的早晨，再配上你最喜欢的音乐呢？

花点心思设计自己的早晨

在这一章中,我描述了我和家人住在美国后,我心目中理想的早晨。随着我从单身职员转变为已婚人士,再到为人父母,我的生活方式和内容也发生了变化。不过,基本流程大体上是一样的。

当然,我不是一开始就达到了理想中的状态。老实说,我单身的时候,早晨总是非常忙碌,我甚至不记得自己做了什么。如果我睡过头,整个上午都会被浪费掉。

不过,有一天,我坐下来认真地思考了自己理想中的早晨应该是什么样子的。

我打开笔记本,写下了我想如何度过早晨,我制定了一个时间表,还贴了一张从杂志上剪下来的美味早餐的照片。每隔一段时间我就会打开看看,直到渐渐地我几乎忘记了它们的存在。然后,有一天我意识到我的早晨已经和我理想中的一样了。

根据我的个人经验,我相信从起床后,到离开家或者开始工作前享受一段快乐的时光,可以大大增加快乐在我们一天当中其余时间所占的比重。

当然,并不是每个人的理想都是不慌不忙地离开家。我的一位客户告诉我,她的理想是在起床后 10 分钟内出门,在上班前享受一段离开家的时光。她会在前一天晚上把一切都准备好,早上用 10 分钟的时间洗澡、穿衣服、化妆,然后便去咖啡馆吃早餐。你可能认为理想的早晨是一个不可能实现的梦想,但一旦把房子整理好,你往往会自然而然地实现这个梦想。

那么,你想如何开启你的一天?什么样的早晨会让你一整天都变得更加快乐?

尽可能少用清洁剂

当我还是一名学生的时候,有一阵子,每当母亲外出,我就会打扫家里,且乐此不疲。并不是因为我想为她做点事,而是因为我无法抑制想要整理的冲动。我不满足于只整理自己的房间,我打扫房间是为了分散自己的注意力,以免去整理别人的房间。我用漂白剂清洁厨房水槽的排水管,擦洗厨房排风扇上的污垢,擦拭窗台,我特别喜欢清扫别人没有注意到的灰尘,每次都会用不同类型的清洁剂来处理各种污垢。

然而,现在我的家里几乎没有清洁剂。厨房、洗衣区和厕所各有一瓶,另外还有一袋小苏打。擦洗浴缸时我什么都不用。相反,等里面的水排干后,我会用淋浴器里的冷水冲洗浴缸,让它冷却下来,然后用专用的毛巾将它擦干。用冷水冲浴缸是我从母亲那里学来的,但我决定不再使用清洁剂,因为我觉得清洁剂的化学气味很难闻。不用清洁剂似乎也没有什么区别。不过,我在擦浴缸的时候会和它说话,比如,我会说"这次沐浴让我焕然一新"或者"你总是如此干净,没有霉菌,真是太棒了"。

我以前也用清洁剂擦地板,但现在我只用湿布擦。我用的是普通的白色棉布,它们不会长时间地保持白色,看到它们也不再会让我快乐,但我不在意。我会彻底地把它们清洗干净并且烘干,然后用叠衣服的方法把它们折叠好,放进专门的盒子里,这样做确实给我带来了快乐。在它们脏得没法用之前,我会用它们擦拭窗户和纱门之类的东西,然后才把它们扔掉。

我也不用清洁剂清洁炉灶,只用热的湿布擦拭,这是我从一位客户那里学来的。如果你在烹饪后立即用拧干的泡在热水或冷水中的抹布擦拭炉灶,是很容易去除油渍的。

我认为让清洁变得轻松的关键之一便是用最少的清洁设备。当然有些人,如专业的清洁工,可能需要使用大量的清洁剂来满足特定的需求。而其他人可能只需要偶尔使用,如在去除顽固的污垢时。如果你真的很喜欢收集和尝试不同种类的清洁剂,那么这种快乐本身也很好。

不过就我而言,让我感到快乐的是一种简单的方法,那就是只用一种清洁剂，这样我就不必思考或者进行选择了。幸好现在很容易找到对环境有益的通用清洁剂。

如果你在检查清洁剂时发现有一些你根本没用，那为什么不找个机会把它们用完，然后尝试一种更为简洁的方法呢？实际上，看到一个整洁的橱柜，没有塞满乱七八糟的清洁剂，反而可能会让你产生想要清洁的冲动。在你意识到之前，你梦想中那闪闪发光、充满欢乐的家就会得以实现。

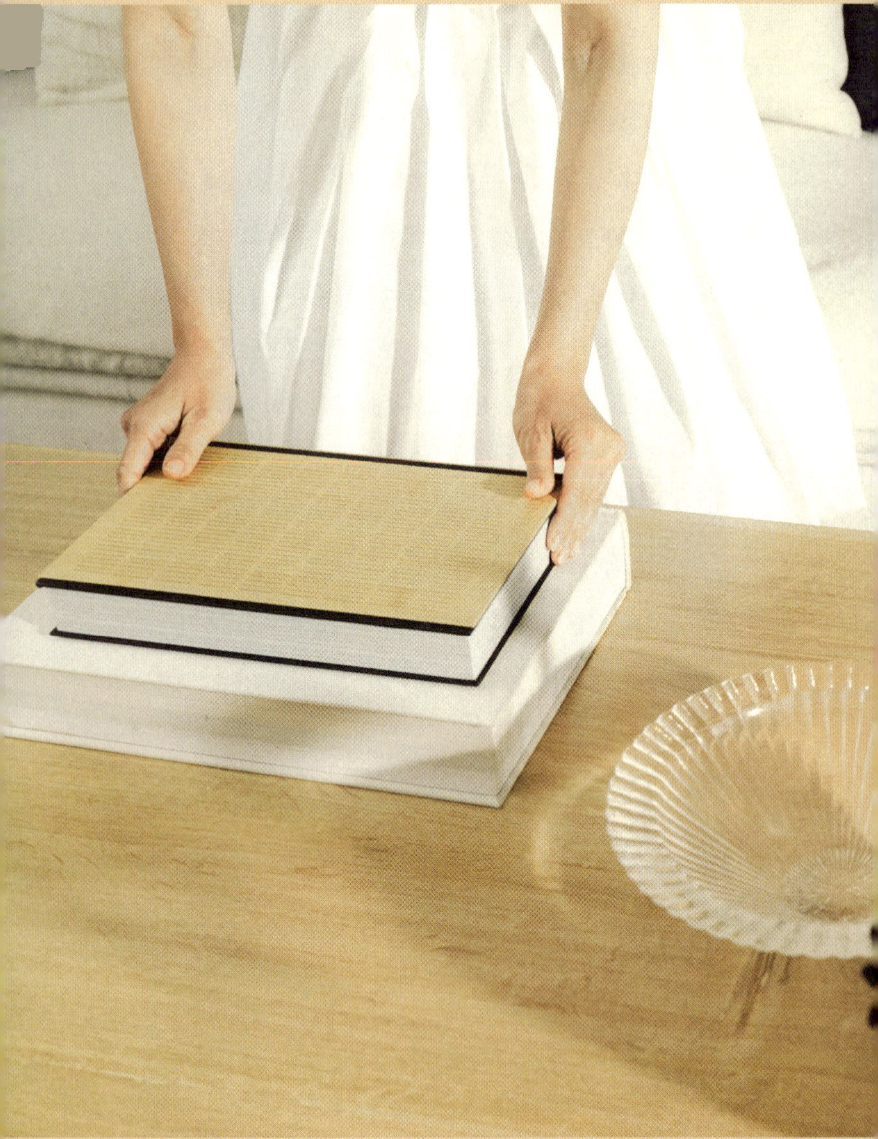

5

快乐的一天

为了从一天当中获得最大的快乐,想想所有你需要花时间做的事情,包括你要办的事和与你互动的人。学会识别日常生活中什么能给你带来快乐,什么又会浪费你宝贵的能量,你就可以规划自己的日常生活,享受改变生活的结果。

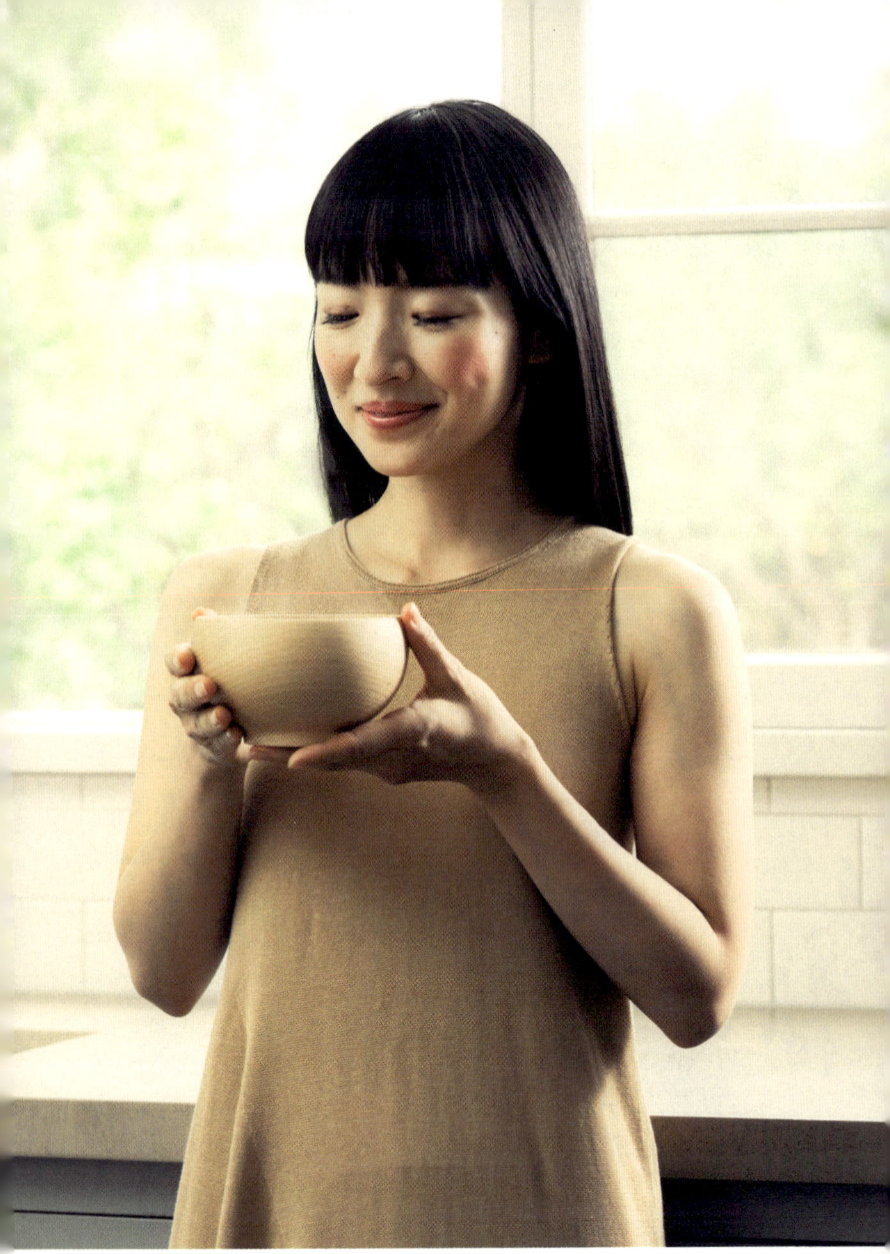

认真筛选你的活动
和日常习惯

你有没有发现你的日常生活比你想要的更加忙碌？你是不是觉得筋疲力尽，或者总是有太多事情要做？

有时候，我也会遇到这种情况。这时，我就会反思一下自己是如何利用时间的。我会翻阅记事簿，列出我通常会做的所有事情。然后，我会看看自己是否在不相关的事情上浪费了时间，以及是否可以取消某些事情。

列出我们所有的日常活动，包括工作、会议、家务、杂事、爱好、娱乐、课程、锻炼以及与家人和朋友相处，这有助于我们确定哪些事情会带给我们快乐。通过这种自我反思，我们可能还会发现自己养成了不必要的习惯，比如，在网上浏览新闻报道，搜索其他东西时被购物网站所吸引，或者每次路过厨房时都会去厨房吃点零食。

记下自己做了的事情，有助于我发现自己在哪里浪费了时间。它还可以帮助我思考如何更有效地利用时间，比如，改变做家务的方式或者做饭的顺序。我总是确保自己留出放松和休息的时间。在处理其他事情时，有时间放松会让我更有效率。

有时我会反思，有时也会和丈夫一起思考，这有助于我认识到一些自己容易忽视的习惯。当我发现自己的一个坏习惯时，我会告诉家人。比如，和家人在一起时，我会吃太多的零食。这样，当下次我们在一起，而我的手无意识地去拿零食时，我就更有可能在吃之前注意到这一点。这就是为什么我建议你告诉家人你想改掉的习惯，这样你会更有可能注意到并阻止自己。

把所有的事情都写下来，或者和别人探讨我们度过时间的方式，可以帮助我们更加意识到自己浪费的时间多么令人震惊。

在查看了自己的日程安排后，我的一位客户意识到她想花更多的时间和家人在一起。她有意识地增加了与家人的沟通，并且计划去看望远方的亲人。改变利用时间的方式使她与家人更亲近，加深了她与家人之间的纽带。

看看你要做的每项活动，是否值得安排在你的生活当中？还是你宁愿重新安排你的一天，把时间花在更珍贵的事情上？

我们规划好每天要做的事情，这样我们就可以把生命奉献给那些让我们充满快乐的事情上。

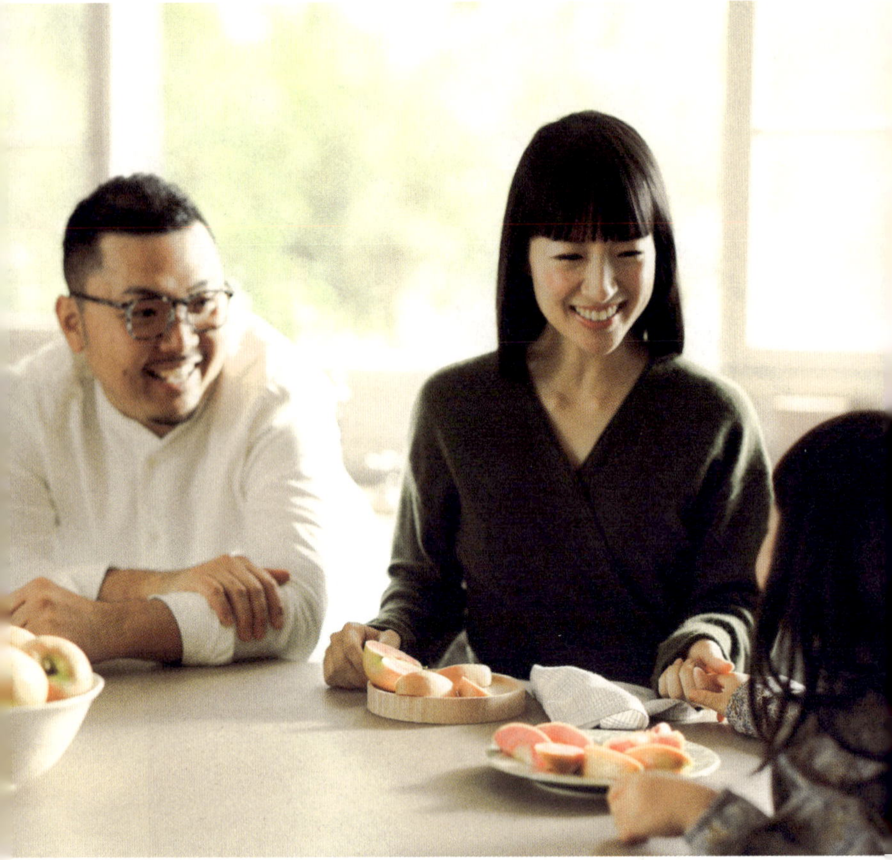

制定一个和谐的
家庭时间表

养育孩子对父母来说可能是一项艰巨的任务。如果你有孩子，相信我，我和你有同样的感受。我们面对的永无止境的问题是如何平衡工作和育儿，以及如何与家人和周围的人互相支持。

就我们家而言，我和丈夫制定和谐的家庭时间表的一个重要方法是确保每个人都有一段独处的时间，可以专注于自己要做的事情。孩子们的时间表中有许多因素是无法改变的，所以我们会调整自己的时间表来适应他们。和孩子们同时上床睡觉，然后在凌晨 4 点起床工作，似乎是最适合我丈夫的节奏。而另一方面，我喜欢在孩子们不在的时候完成最重要的任务。我们会调整自己的工作安排，这样当孩子们回来时，我们中的一个人可以在家照顾他们。当然，如果我们都要出差，我们会安排其他人来接孩子放学，并照顾他们，直到我们回来。

　　每个人的节奏不一样。有的人在早上更容易抽出时间，而有的人则在晚上时状态最好。重要的是夫妻要相互协商，确保能把一天中最容易集中注意力的时间安排给个人事务。我们需要改变心态，乐于迎接挑战，在一天当中安排出自己的私人时间，而不是认为有了孩子就意味着我们再也不能拥有属于自己的时间。

教孩子把整理
当作玩耍的一部分

在我们家,我们会把做家务和整理作为游戏的一部分。以前,我总是尽力在孩子们上学的时候完成所有的家务,但我最后却什么也没有完成,不得不在孩子们回家后继续做。然后,有一天,我突然想到我应该和他们一起做家务。

在我缝纽扣的时候,孩子们也想尝试,于是我让他们往毛绒玩具的夹克上缝纽扣。到了叠衣服的时候,我会宣布"叠衣服的时间到了",他们便会马上加入进来。后面的时间我们可能会用来吃零食。

我们还会在游戏中加入整理时间。如果孩子们在玩积木的时候决定要画画,我就会说:"我们需要先把积木收起来,对不对?"在玩的过程中进行整理已经自然而然地成为他们游戏的一部分。他们可以在游戏结束后看电视,但他们知道必须先收拾好,所以很快就把所有东西都收了起来。整理对

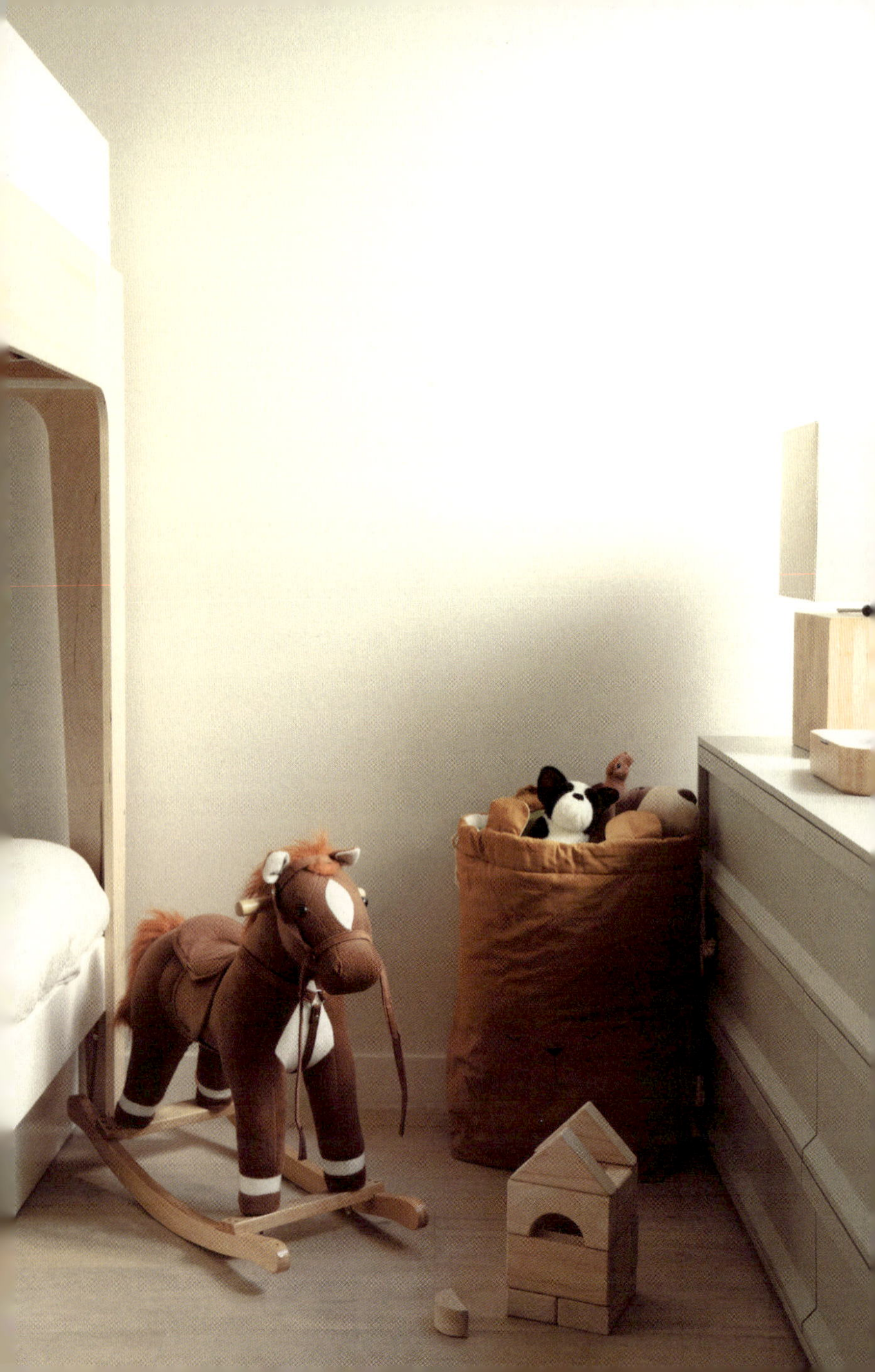

他们来说很容易,因为所有的玩具都有固定的存放处,他们只需要放回原处即可。

对孩子们来说,整理已经成为一天当中一个正常的组成部分,而不是某些他们讨厌做却必须做的事情。我认为这是因为从他们蹒跚学步的时候起,我们就让他们养成了玩完每个玩具或者做完游戏后先整理,再开始玩其他玩具或者进行其他游戏的习惯。

如果孩子们的玩具太多，我们就会捐出去一些。我们总是在得到一个新玩具时决定把它放在哪里，因此孩子们从一开始就很清楚，我们只有有限的存储空间。"我们买了这个新玩具，"我会说，"可是你们看，我们没有地方放它。为了腾出空间，我们必须放弃一个你们不再玩的旧玩具。"然后，我会建议他们把这个旧玩具送给更愿意玩它的人，或者问他们，被当成礼物送给别人会不会让这个玩具开心。

如果你想为下一个孩子保留玩具或者婴儿服，就要事先决定好把它们放在哪里。在整理时，重要的是要面对这样一个事实，那就是你的房子和储物空间是有限的。无论你决定保留什么，那都会减少你的生活空间。例如，在我们家，我们为下一个孩子预留了两个装衣服的容器。一旦我们知道家里有多少存储空间，我们就可以更清楚地知道自己应该保留哪些东西。

有意地存放玩具

在整理玩具时，我会把大的玩具放在一组箱子里，把小玩具放进篮子和盒子里。我把所有玩具都竖起来存放，而且会把同类的放在一起。这样，玩具该放在哪里，我们一共有多少玩具就会一目了然，同时也方便孩子们收拾。

我推荐用盒子来存放较小的玩具。盒子可以有两种使用方式，一种是传统的方式，即把一组物品放在带盖的封闭容器中；另一种则是将盖子用作托盘或隔板，然后把盒子用作容器。比如，你可以用一个深盒子来装高的物品，如马克笔、荧光笔、胶水或颜料，然后用盖子来装比较小的物品，如橡皮图章或者磁铁。带拉链的半透明袋子非常适合用来存放贴纸和折纸等物品，并且可以直立放置在篮子中。你甚至可以用大袋子来装棋盘游戏的棋子，这样就不需要再用笨重的盒子了。

把最能激发快乐的玩具放在孩子够得着的低架子上,这样精心的布置会激发孩子们玩玩具的兴趣。玩具也可以不时地更换位置,这样可以保持新鲜感,令人兴奋。

让你的工作井井有条

根据我的经验,在生命的某个时刻成为工作狂并不总是一件坏事。我在 20 岁左右时每天要上三节整理课,每节课需要花 5 小时,这意味着我要从 6 点一直工作到 23 点。但我还年轻,我想把这段时间献给工作。

如何在工作和私人生活之间找到一种舒适的平衡不仅因人而异,而且还取决于每个人所处的人生阶段。重要的是要好好想想你此刻想要什么样的工作方式,以及如何平衡工作和私人生活才更适合你。

例如,如果某项工作是你职业生涯中最重要的工作之一,而且你也不在乎是否只有 20% 的时间可以用于私人生活,那么,你在安排日程和那个阶段的生活时优先考虑工作是没有关系的。

我们应该避免的,是在我们感到沮丧或者不知道自己是否真的应该做一件事情时就全力以赴。当我们在没有目标或者方向感的情况下工作时,我们就会随波逐流,最终感到压力重重。这时我们需要休息一下,反思一下自己的生活方式。

当我开始努力平衡职业和抚养孩子时,就再也不能像单身时那样工作了。虽然我习惯了长时间工作,但我别无选择,只能放弃。不过,时间有限可以促使我们找到办法更有效地利用时间。实际上,正如有限的存储空间使我更容易决定保存什么和放在哪里一样,有时间限制使我更容易组织时间。

你每天要在每项工作上花多少时间?你一周要完成多少工作?你如何平衡时间来完成这些工作?工作的哪一部分能

带给你最大的快乐？你出于习惯做的一些任务是不是可以不做？你是不是可以更有效地完成某些任务？是不是可以取消一些会议？你是否可以采取一些措施来增加放松的时间？像这样花点时间来反思你的日常工作。

为了快乐地工作，找到适合自己的平衡方式。

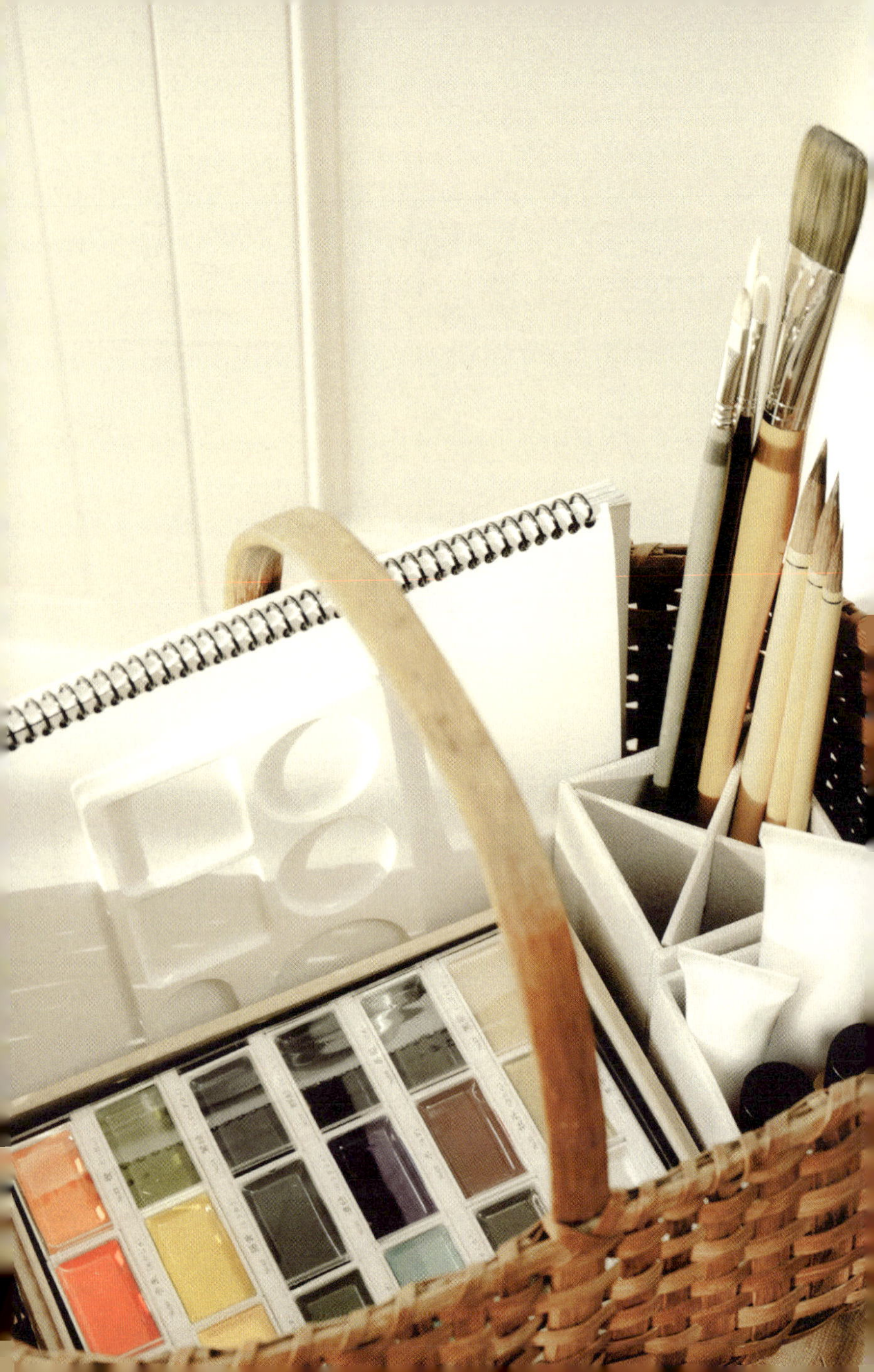

沉浸在自己的
创造性出口中

让我稍微谈一下哲学。你的人生目标是什么？

归根到底，我认为人生的目标是快乐和满足。我指的不是用那种"自我优先"的自私的方式。当我们散发出幸福的气息，就会把这种积极的能量传递给周围的人，让整个世界变得更美好。为了实现这个伟大的目标，我认为每个人都需要与周围的人和谐相处，并从中获得快乐。那么，我们需要在日常生活中做些什么才能实现这一目标呢？我认为我们可以做的一件事情是找到自己的创造性出口，并投入其中。

回顾我们一直想尝试或者小时候喜欢做的事情，可以让我们深入地了解哪些创造性活动会让我们感到满足。比如，在孩子出生后，我喜欢和他们一起做缝纫和编织这一类事情。这让我想起了小时候我喜欢做的所有事情，甚至包括整理。直到整理成为我的职业后，我才意识到自己从小就喜欢整理。

花时间反思这些事情可以帮助我们重新找到自己内心的快乐。长大后忘记自己小时候喜爱的事物是很常见的。但是,当我们停下来回想那些自然而然吸引我们的事物时,就会发现它们与带给我们快乐的东西有关。

我建议你问问自己,什么样的创造性出口能带给你快乐,然后增加你在这些活动中投入的时间。发挥你的创造力,比如,学习乐器或者绘画,会让你每天体验到更多的快乐。

有目的地存放小物件

虽然几乎每个家庭都有小物件,但它们的种类异常繁多,这就是为什么我的客户问的大多数问题与之相关。到目前为止,他们最常问的是:"有这么多的小物件,我怎么可能以一种令人愉快的方式存放它们呢?"

存放的基本原则是分类储存,因此第一步是将小物件分为文具用品、电线、药品和工具等。然后,我建议将类别相似的物品就近存放。例如,你可以把电线放在电脑或相机附近,因为这些物品本质上都与电有关。或者你也可以像我的一些客户一样,在电脑附近存放日用小物品,如文具,然后就像玩单词联想游戏一样,相继定出下一个类别。小物件的类别从表面上看定义得很清楚,但它们经常会重叠,像渐变色一样融合在一起,所以当你将类别相近的物品挨个存放时,可以想象成自己在家里创造了一道美丽的彩虹。

整理过程中最令人愉快的一个部分是计划存放与爱好相关的小物品，如缝纫物品、颜料、画笔，或者贴纸。

这些物品本身就可以给我们带来快乐，所以我们要专注于如何让打开收纳它们的盒子的过程变得快乐。为此，我建议你使用特殊的收纳容器，比如可爱的、古董风格的盒子，或者精心挑选的容器。我总是很挑剔，所以我目前还没有太多的容器可以用来存放与爱好相关的物品。但在这方面花再多的时间也没关系，因为，为自己的爱好和兴趣选择想要的物品，以及用来收纳它们的容器也是一种乐趣。

最近，我开始和孩子们一起刺绣。我找到了一把可爱的古董剪刀，这让刺绣变得更加有趣。我喜欢逛各种古董店寻找类似的东西。没有时间的时候，我就会上网浏览。我相信喜欢做手工的人都能理解花时间寻找这些物品给我带来的快乐。

你可能担心自己积累了太多与爱好相关的东西，但我完全支持你去这样做。没有必要丢弃给你带来快乐的东西。即使需要更多的时间，但我仍然鼓励你用自己喜欢的方式存放它们。

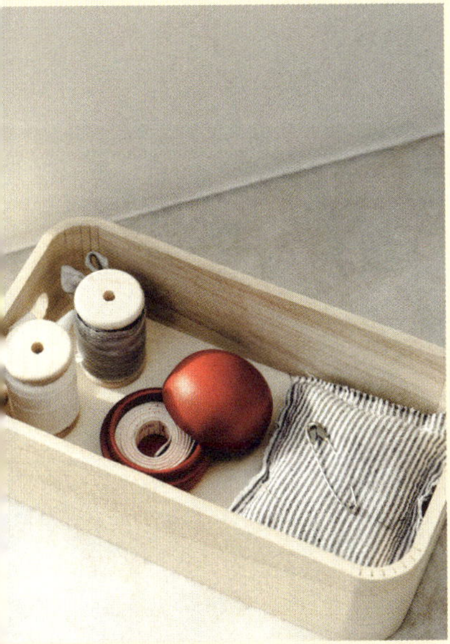

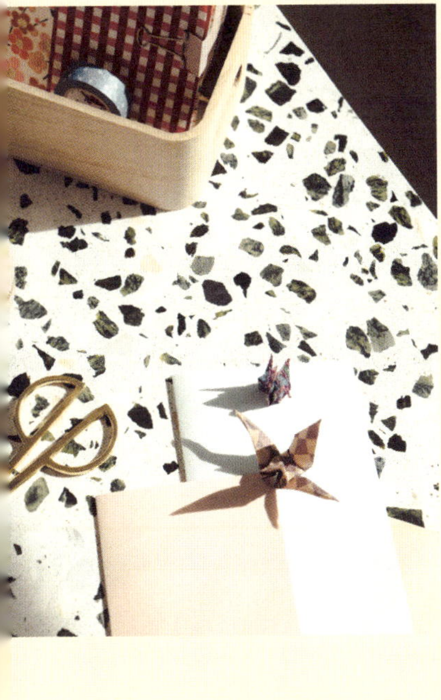

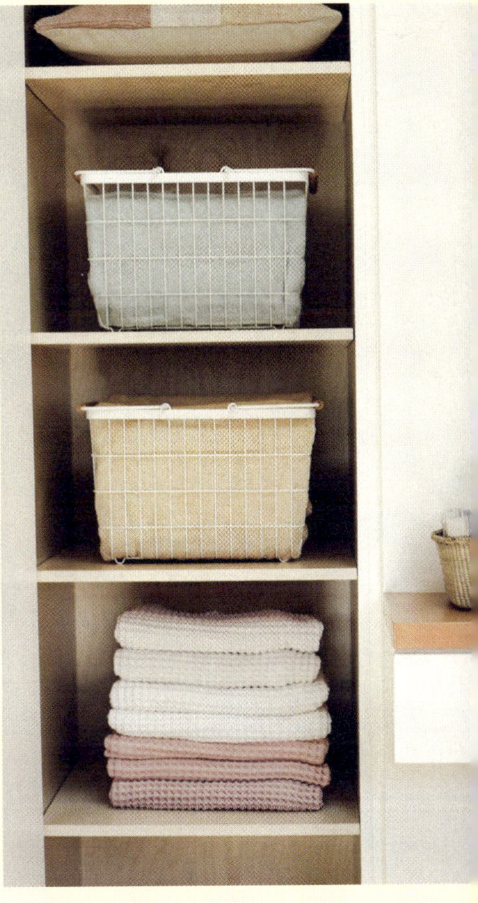

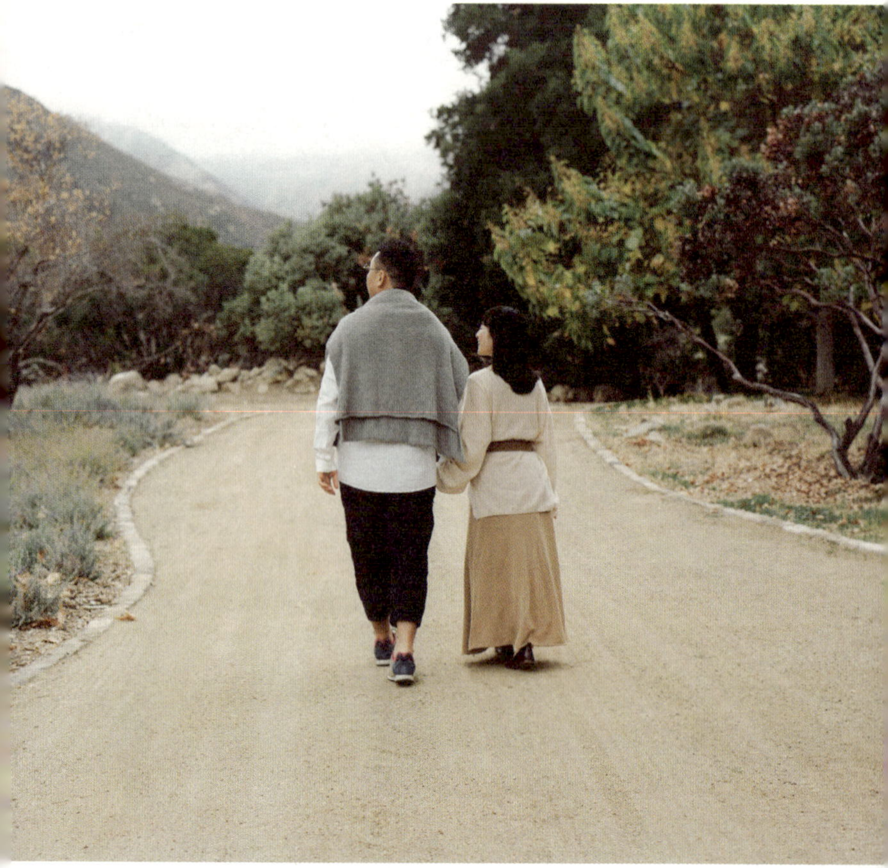

运动有助于能量流动

　　每天早上，在送完孩子们上学、收拾完厨房，并把一大堆衣服塞进洗衣机后，我就会和丈夫一起去散步。我们会利用这段时间了解对方的近况，也经常在散步时讨论工作。

　　我发现，通过这种愉快和富有成效的方式将锻炼融入日常生活，我会更容易坚持下去。

　　如果你认为自己讨厌锻炼，那就再深入地思考一下。有什么运动能带给你快乐？有些人喜欢跳舞，而有些人则在大自然中徒步时获得灵感。其他人（像我一样）更喜欢在早上或晚上做瑜伽，甚至喜欢通过清洁或吸尘来进行日常锻炼。

　　哪些运动能带给你快乐？为了让能量在身体中流动，你该如何将它们融入日常锻炼？这些让人愉快的运动可以成为你的活力源泉。

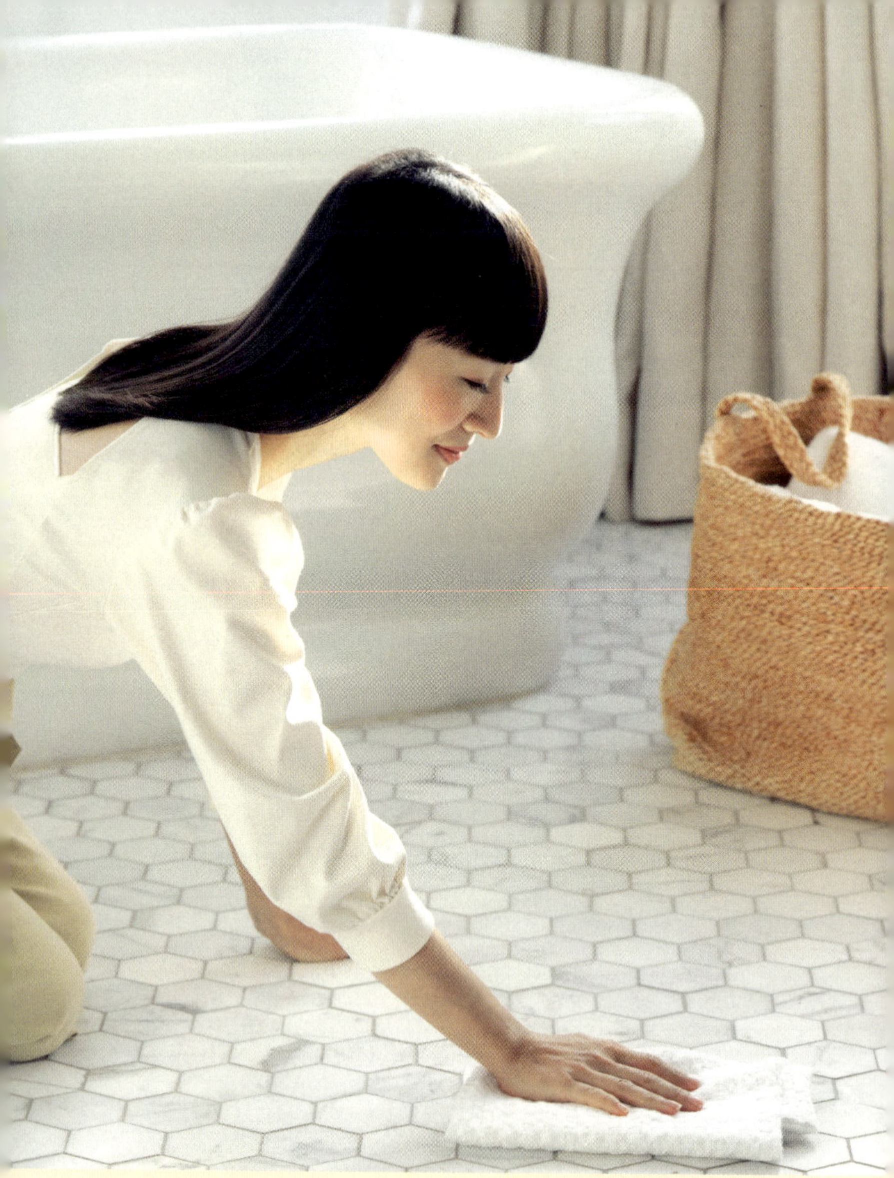

在清洁地板时进行冥想

日本的小学生有打扫教室和学校走廊的传统，其中有一项任务是擦地板。学生们会把所有的桌椅推到墙角，抓起一块湿布，然后摆出类似于瑜伽"下犬式"的姿势。他们将膝盖微微弯曲，手臂伸直，背部挺直，推着抹布在房间里来回跑动，直到擦完整个地板。被擦过的地板总是闪闪发亮。在这种文化中长大的我，也会在每次吸尘后用这种方式擦拭地板。

有一种被称为整骨疗法的东方疗法，将指压按摩和脊椎按摩结合在了一起。我在一本关于这种疗法的书中曾读到，日本人擦地板的方式是矫正身体扭曲和恢复平衡的理想方法。在我看来这很有道理，因为大概擦 5 分钟地板后，我的呼吸就会变得更加顺畅，背部也会挺直，总体感觉好多了。如果身体没有变形，我们的情感中心和智力中心就会感到神清气爽，我们更容易找到事情的解决方案，也不会再为一些小的烦恼感到困扰。从这个意义上说，擦地板就像是在做家务的同时练习瑜伽或者冥想。

当我开始用这种方式擦地板时，我注意到了另一件事，那就是它成了我与家进行对话的一种形式。地板是房子的基础，用自己的手擦拭地板可以帮助我感受到我与房子的联结，这让我更加感激它。当我把注意力集中在感激房子一整天所给予我的支持时，它似乎也做出了回应，擦亮的地板让人感到更加温暖。

当然，雇用专业的清洁工或者使用拖把清洁地板，尤其是在大房子里，可以帮助我们更有效地利用时间。自从开始在美国生活后，我也一直在雇用专业的清洁工。但事实上，我喜欢自己清洁地板，所以有时我还是会弯下腰来擦拭地板，把它当成一种愉快的锻炼。

根据风水学的理论，地板是家的基础，清洁地板可以吸引好事，增加财运。如果你感到自己总是很暴躁，或者外出锻炼的机会比以前少了，那为什么不试着擦一擦地板呢？这对你的身心，还有你的房子都有好处。谁知道呢，这甚至可能会增加你的好运。

给自己留点喝茶的时间

我总是确保自己每天有三次喝茶休息的时间：一次是在早上送完孩子上学，一次是在下午工作的休息时间，还有一次是在睡前。喝茶时，我不会看手机或者笔记本电脑。相反，我会坐在沙发上，一边听着古典音乐，一边让自己放松。

长时间地连续工作会降低我们的工作效率。身心疲惫时，我们的大脑很容易变得千篇一律，不断地在同一个想法中兜圈子。从工作中抽一点时间来享受一杯美味的饮品是摆脱这种模式的好办法。

因此，从一开始就把休息安排进你的日程当中。即使只有 10 分钟或 15 分钟的时间，情况也会有所不同。当然，你可能更喜欢其他休息方式。想想看，你觉得做什么最能够让你恢复精力。是绕着街区散步？做一个短暂的冥想？还是在下午喝一杯浓缩咖啡？

因为喝茶能激发我的快乐，所以我总是确保手边有很多不同种类的茶叶，包括红茶、抹茶、中国茶和花草茶。每一天，我都会选择最适合我心情的茶叶。

抹茶拿铁

1 人份

1/4 杯水
1 汤匙抹茶粉
1 杯你需要的牛奶
你选择的甜味剂

抹茶，这种传统的绿茶粉末，现在即使在美国也很受欢迎。喝抹茶时，我喜欢用一个小型的仪式来冲泡茶末，并配上传统的竹制茶勺和茶筅。从取茶到搅拌，再到饮用，每个动作都让人感到非常轻松。就像冥想一样，这个仪式让品茶变得格外特别。我们家最近喜欢用一台抹茶浓缩咖啡机，它可以把茶叶磨成粉末，制作出美味的抹茶拿铁。但正如你将在下面看到的那样，你不需要任何花哨的设备也可以在家自制抹茶拿铁。

把水加热到 80℃，或者放在小火上加热。用细筛将抹茶粉筛入马克杯中，加入热水进行搅拌，直到茶末和水充分混合并且起泡。用意式浓缩咖啡机的蒸汽棒、电动牛奶起泡器或手持式起泡器加热牛奶并打出奶泡。将奶泡倒进马克杯中再次搅拌。加入甜味剂调味后就可以立即享用了。

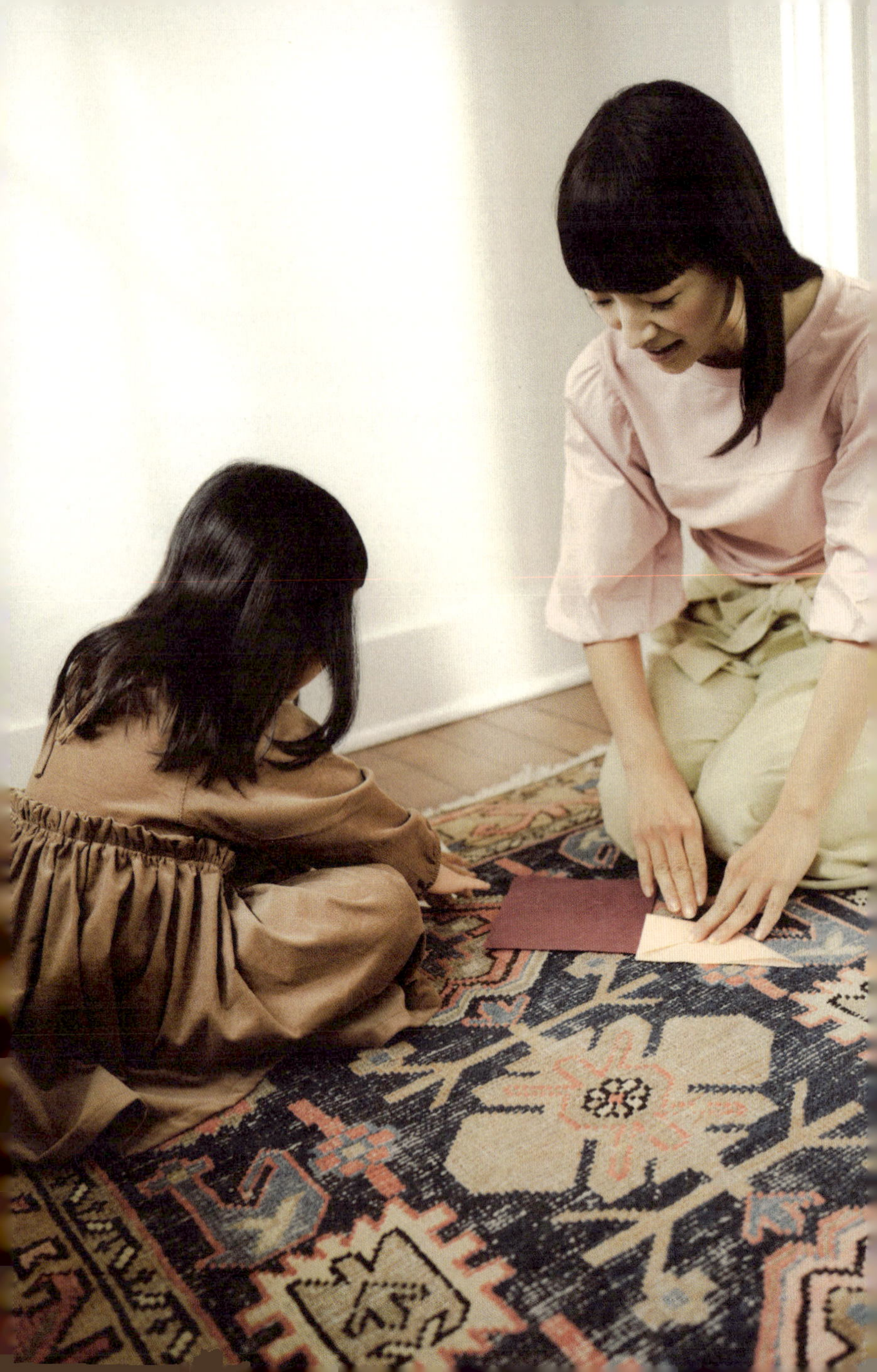

珍惜那些让你感到愉快的
人际关系和社交活动

生活中的人际关系让你感到愉快吗?

如果我们想让生活充满欢乐,我们就需要考虑我们与家人、同事、朋友、邻居,以及和不同团体成员之间的关系。花点时间思考一下我们和每个人之间的关系。

如果某段关系让你感到不快,我建议你审视一下可能的原因,诚实地体会自己的感受。也许你注意到了导致你们关系紧张的一些事情,或者意识到是性格的差异让你们很难相处。在这种情况下,想出具体的策略来安抚和对方在一起时自己的情绪会有所帮助。例如,你可以在每次遇到那个人时都特意向他打招呼。如果没有办法和对方相处,也许你最好结束这段关系。在用这种方式重新调整人际关系的过程中,重点是要专注于建立令人愉快的关系。

对我来说,另一个重点是要关注那些对我的生活有影响的人，并且真正地感激他们。有人曾经告诉我，他们会写下每一个他们感激的人的名字。这似乎是一个很好的想法，我采纳了这种做法，而且我强烈推荐你也这么做。把他们的名字写在笔记本上，同时回忆他们为你做过的事情以及他们对你的支持。当你提醒自己有多么感激他们时，你会意识到你们之间的关系是多么珍贵，你会自然而然地更加善待他们，常常感谢他们，并与他们联系。这会使你们的关系更加轻松。

回馈社区
可以培养感恩之心

为社区做出贡献似乎是美国文化中不可分割的一部分。自从搬到美国后,我就越来越欣赏这种态度。例如,当我帮助一个社区整理他们的教堂时,可以从每个人的参与方式中清楚地看出,他们作为邻居经常互相支持,这让我意识到这种非常自然的行为的重要性。

我不再住在日本,但我仍然会思考如何回馈自己的祖国。分享日本精湛的工艺和文化是其中的一种方式。当然,我做的主要就是介绍麻理惠收纳法,它源于我的日本文化根基。不过,我也可以分享其他东西,比如,精心制作的传统土锅和便当盒。我可以通过我的网店将它们介绍给更广泛的受众,而不仅仅是在自己的生活中使用它们。或者,我也可以用我最喜欢的日本有机棉,与设计师合作生产诸如服装袋和洗碗巾等产品。我还可以分享日本的传统文化习俗,如插花、茶道,以及在门口脱鞋的习惯。即使我不再住在日本，但我仍然可以做出贡献。一想到可以回馈自己出生和长大的地方，我就感到非常快乐。

在考虑如何回馈社会时，最好先从自己的社区开始考虑，问问自己可以为这个社区做点什么。你能贡献些什么？你能帮上什么忙？你可以向哪些组织捐款？即使你现在不知道该采取哪些具体行动，也可以考虑如何向那些做出贡献的人表达你的感激之情。你能做些什么来让社区里的其他人更快乐？你能引进一种新的方法或技术来让事情进展得更顺利吗？或者你可以提出建议，淘汰一种不再满足社区需求的过时方法吗？

想办法为社会做出贡献，这不仅会让你，也会让你周围的人每天都充满欢乐。

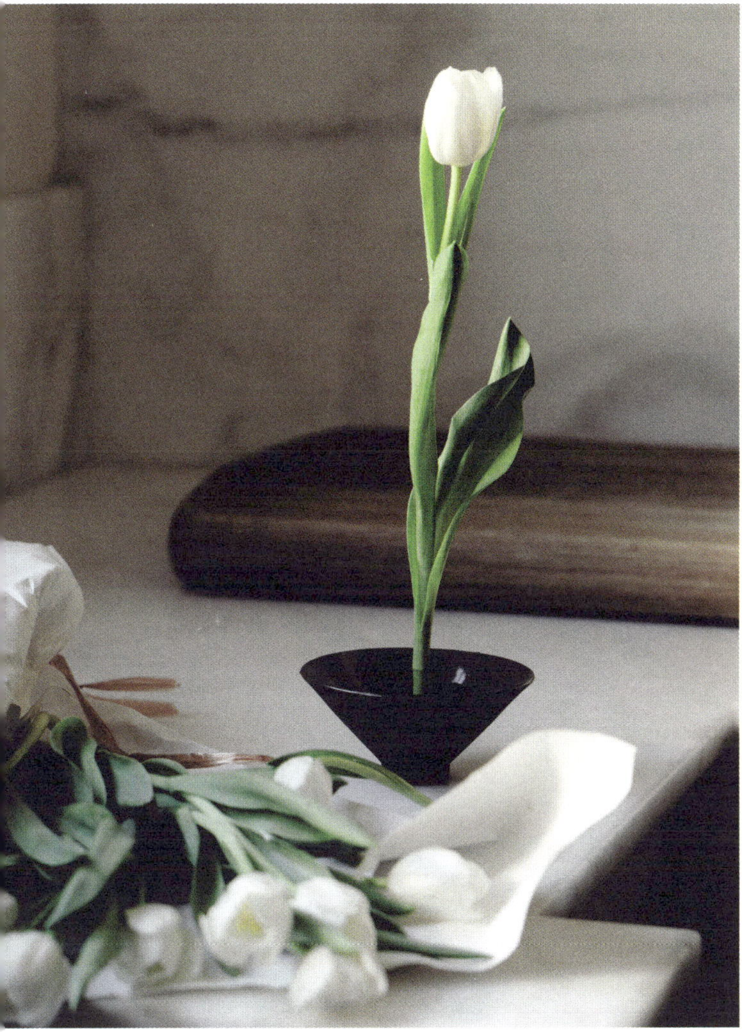

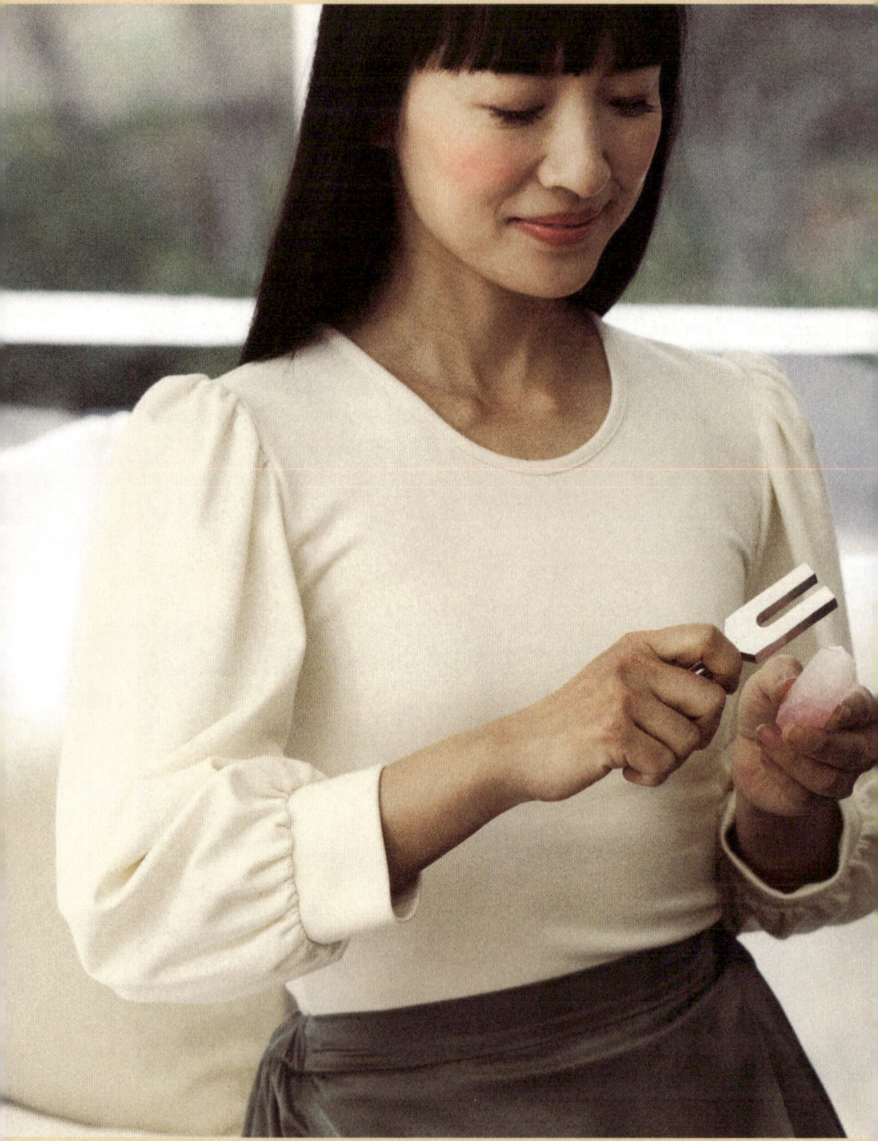

6
—

快乐的夜晚

为了让你的夜晚充满欢乐，让我们看看从晚餐到睡觉前这一段时间你是如何度过的。你想如何结束你的一天？

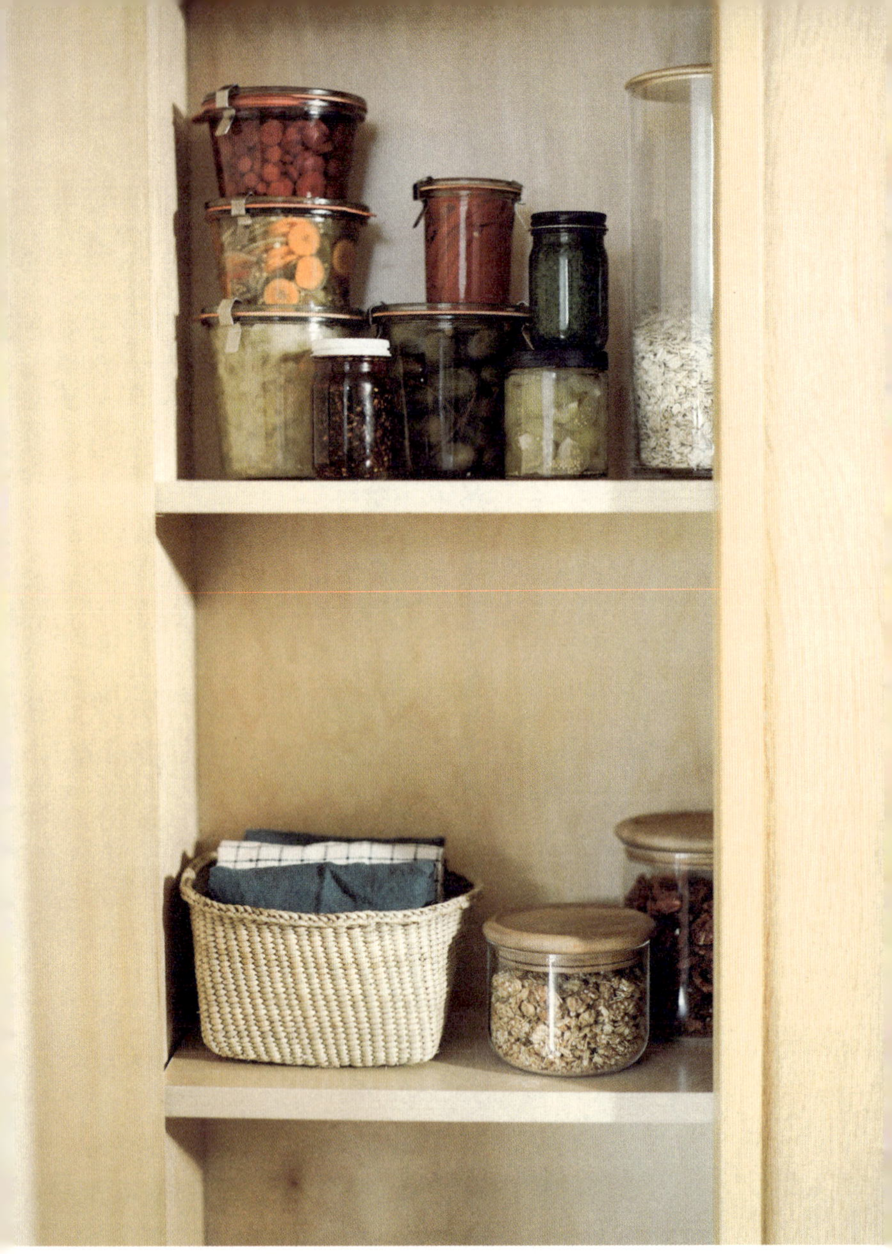

受到喜爱的家庭食谱
可以增进联结，促进健康

  如果你和家人住在一起，而且想让晚餐时间充满欢乐，那就先想想如何能让大家都坐在一起。如果你一个人住，那就想办法给你的周围增添一些欢乐的元素，比如，你可以选择一块自己喜欢的桌布或餐具垫，按照自己独特的风格布置餐桌，使用装饰性的筷子托，或者在桌上放一瓶花。在忙碌的一天结束后，与家人或自己建立联结是非常宝贵的。在与他人一起吃饭时，能够分享让彼此一天都感到愉快的事情真是太好了。

  我们家的晚餐和早餐一样，几乎都是日式的。为了确保家人吃到健康的饭菜，让他们感到快乐，我们制定的菜单中包括发酵食品，并且很好地平衡了蔬菜和蛋白质。我们的孩子还小，但他们喜欢我做的芝麻菠菜沙拉。他们喜欢的另一道菜是黑醋炖鸡翅，这是我母亲教给我的。

如果你把父母或祖父母传下来的食谱记在了记事簿或食谱卡上，那为什么不抓住机会让它们大放异彩呢？找一个你喜欢的文件夹或者盒子并对它进行装饰，或者自己设计一个容器。这不仅可以把你的食谱存放在一起，而且存放它们的方式也会持续地给你带来快乐。

如果你所有的食谱都来自烹饪书，但这些书中只有某些食谱对你有吸引力，那么把它们粘在剪贴簿中也会很有趣。当然，你也可以保存自己真正喜欢的烹饪书，我也有很多这样的书。但是，如果有的烹饪书你用得不多，或者它们有些不适合你目前的生活方式，你可以通过抄写和收集自己喜欢的食谱或照片来制作自己的原创食谱。

思考哪些食谱能够真正激发快乐。这样，你就可以制作一系列美食，它们不仅能滋养你的身体，还能增进你与他人的关系。

芝麻菠菜沙拉

4 人份

1 汤匙烤白芝麻
一撮盐
将成捆的菠菜切段，用到的量为 6 杯
1 茶匙半酱油

菠菜富含铁，而芝麻又是抗氧化剂，因此这道菜营养非常丰富。它的制作方法非常简单，是一道必不可少的日本家常菜。

用研钵和杵，或者香料粉碎机磨碎芝麻。

在一个中等大小的锅中加入水，用大火烧开，然后加入盐。再加入菠菜煮 45 到 60 秒，直到菠菜变成亮绿色，稍稍变软。

把菠菜放在滤器中沥干水分，在变软之前用冷水冲洗。挤出多余的水，把菠菜切成 2 英寸长的段，放在盘子里。

将磨碎的芝麻和酱油放入一个小碗中搅匀。把芝麻调味汁倒在菠菜上，用夹子拌好就可以上桌了。

我妈妈的黑醋炖鸡翅

4 人份

2 汤匙加 2 茶匙酱油
12 只鸡翅
4 茶匙芝麻油或橄榄油
将 1 英寸的生姜去皮,切成 4 片
1 瓣大蒜,切碎(可选)
4 杯水
4 汤匙黑醋,或者您喜欢的醋
4 汤匙蚝油
2 汤匙糖

2 汤匙清酒
1 把日本韭菜或 1 根大葱(见第 191 页注意),只要嫩的白色和绿色部分,斜刀切成一口大小的段(可选)
1 根胡萝卜,去皮并切成一口大小的块(可选)
1 汤匙切碎的香菜(可选)
煮熟的白米或糙米,搭配食用

小时候,我妈妈经常为我做这道美味的、富含蛋白质的菜肴。现在,我继承了这一传统,也经常为自己的家人做这道菜。如果你手头没有蚝油,可以用额外的黑醋代替。

将 2 茶匙酱油倒入一个浅碗中。用刀在鸡翅皮上戳一些孔,然后把它们放进浅碗中裹上酱油腌制。

在一个大锅中加入芝麻油,用中火加热。加入姜和大蒜炒 2 分钟,直到闻到香味。需要的话可以分批加入鸡翅,每面煎 2 到 3 分钟,直到鸡翅变成褐色。

同时，将水、黑醋、蚝油、剩下的2汤匙酱油、糖和清酒加入碗中混合。把混合好的酱汁倒到锅里的鸡翅上，烧开。加入韭菜和胡萝卜，将火调至中小火，盖上盖子焖20分钟。

在鸡翅上撒上香菜，趁热与米饭一起食用。

注意：如果用大葱代替日本韭菜，要在烹饪的最后几分钟将它们和鸡翅拌匀。

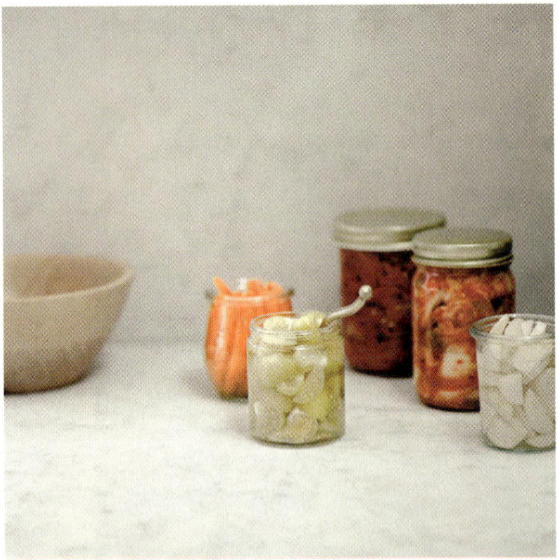

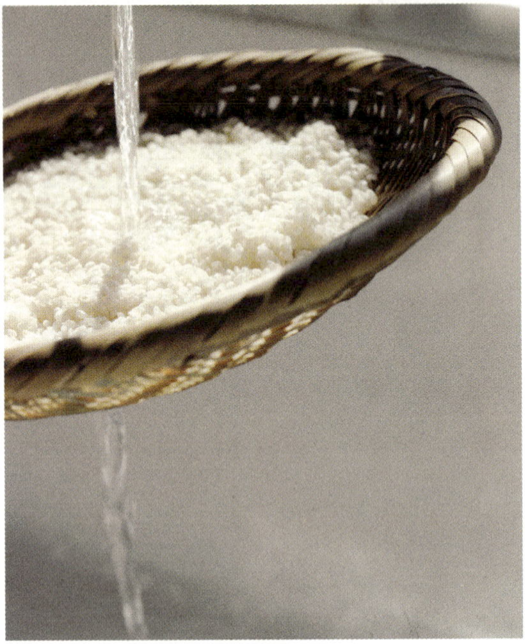

发现发酵的乐趣

最近,我开始自己制作发酵食品,如味噌和甘酒。它们的味道不仅受大米、黄豆和麦芽米的品种的影响,还会受到厨师的手的影响。我们手上的皮肤是有益菌天然的家园。这些细菌的酸碱性因人而异,这就是为什么用手捏出来的味噌味道会有所不同,有时更温和,有时更浓郁,这取决于是谁做的,也反映了厨师的个性。这就是自己制作发酵食品的乐趣之一。

我们的体内生活着无数细菌,它们使我们的免疫系统运转良好,并在我们生病或感到疲劳时恢复身体的平衡。发酵食品中的氨基酸和维生素有助于激活我们体内的有益菌。

为什么不花点时间制作或食用发酵食品,并借此欣赏你与你体内的常驻菌群之间的关系呢?当你怀着感激之情想到它们时,你会更加感激自己的身体。

美味的日本甘酒

8 到 10 人份

8 杯水
2 杯日本白米或糯米,洗净
2 杯干米曲

甘酒是一种传统的日本发酵饮料,由酒曲或麦芽米制成。它有点甜,酒精含量也很低。保持合适的温度对成功发酵很重要。如果温度太热或者太冷,米就不会发酵,所以在制作这一步时要格外小心,用电压力锅或电饭煲就可以,并且手边一定要有一个即时温度计来帮助你控制温度。

在一个中等大小带盖的锅中加入水,用大火烧开。加入大米后转成小火,盖上盖子焖 15 分钟,直到大米变软并且熟透。或者你有电饭煲的话,可以将其设置成煮粥模式。

将大米粥冷却至 54℃至 60℃,然后加入酒曲搅拌。(记住:将温度保持在这个范围很关键。)

然后将混合好的大米放入电压力锅中,用小火加热,或者放入电饭煲中保温,同时去掉锅盖发酵 8 小时,直到甘酒变甜,看起来像粥一样。在发酵过程中,每 2 小时搅拌一次,并测量温度。如果温度过高,就通过搅拌来降低温度,还要用湿毛巾盖住锅的顶部以防止水分蒸发。

盛入小杯即可饮用,可以热饮,也可以冷藏后再饮用。甘酒继续发酵就会变酸,所以要把剩余的甘酒煮开以便停止发酵,然后放入冰箱的密封容器中,可以储存差不多10天。

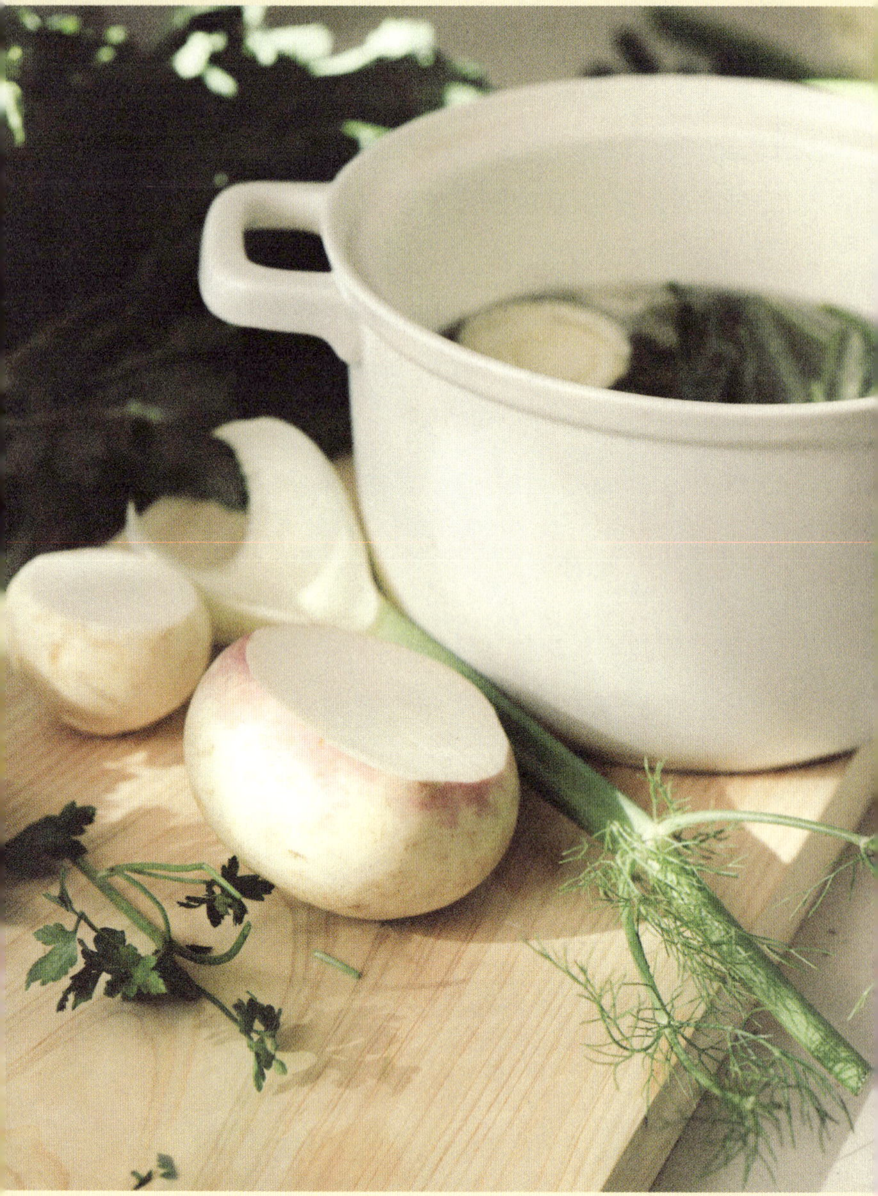

外祖父的经验

我的外祖父作为一名针灸师,经常会治疗相扑选手,帮助他们预防伤病,恢复健康。他还上过电视节目,向观众解释按压耳朵和脚底某些穴位的好处。所以,我的母亲也是一个健康迷,是书籍和电视上最新健康趋势的狂热追随者,这也许并不奇怪。看着他们两个长大的我不由得也受到了影响。

母亲会把一个衣服夹子夹在我的耳朵上,她说:"刺激这个压力点会让你保持敏锐,也会改善你的肤色。"她的这些话让我着迷。我上高中的时候,最新的健康潮流是拍打足弓前面的脚底区域,我急切地进行了尝试。我不知道它是否有效,但回过头来看,我意识到这种做法会刺激脚底的压力点,改善血液循环。

母亲和外祖父也教了我很多关于健康食品和烹饪的知识。母亲会做酸乳酒,也会煮蔬菜碎,并且把它们过滤后做成清淡的菜汤。虽然菜汤很淡，一点也不好吃，但喝的时候，我确实感觉自己更健康了。

穴位按摩和蔬菜汤可以改善体液循环，这有助于我们的肠道保持良好的功能。为了防止便秘，我会确保自己吃到足够多的纤维和发酵食品，并保证很高的液体摄入量。当我们的肠道正常工作时，就会改善全身的体液循环。

许多客户说整理会带来一个奇怪的效果，那就是一旦他们清除了家里那些不会激发快乐的东西后，他们的身体就会自动地开始清理肠道。尽管没有科学依据可以将两者联系起来，这可能是由于暴露在灰尘中等其他因素造成的，但许多客户提到了这种现象。我们的思想和身体是相连的，所以在整理的时候，你可以想象你在清理自己的消化系统，慢慢地你可能会发现自己的血液循环得到了改善，肤色也变亮了。

享受不够便利的
生活方式

由于我的职业,我见证了"方便"的家居用品所引发的每一次风潮。可重复使用的硅胶密封袋代替了塑料包装,夹子可以用来夹住打开的食品袋,洗衣球可以减少人们对洗涤剂的需求,还有薯片机,等等。虽然有些产品不断改进,达到了家用标准,但随着它们的出现,其他数百种产品都迅速消失了,因为看起来没有它们那么方便。

有趣的是,近年来,我的客户中有越来越多的人开始追求与便利相反的东西,他们自己保存和腌制食物,甚至自己做味噌。自从人们再次发现,食用发酵食品可以恢复肠道平衡后,这个习惯又一次成了健康热潮。受到这些客户的启发,我也开始自己制作味噌(见第135页)。虽然这需要花费时间,但每次等待味噌发酵成功时,那种期待的感觉总是令人兴奋。

人们不怕麻烦而愿意制作的东西并不局限于发酵食品。

还有客户送给我他们自制的培根或自己种的胡萝卜。他们制作的也不仅限于食物，我的一些客户已经开始用布料制作卫生巾，而另一些客户则重新开始缝纫。

看上去，随着客户在整理过程中取得的进步，他们当中主动选择不太方便的生活方式的人数在增加，所使用的没那么有用的"方便"商品的数量反而减少了。而且他们乐在其中！

原因很简单，在整理完毕后，你有了更多的时间。事实上，整理结束后人们发生的最大变化是他们利用时间的方式。他们不仅不再需要那么多时间来吸尘或者选择穿什么，而且花在寻找东西和努力做出决定上的时间也少了很多。以前被这些不太愉快的任务占用的时间现在空了出来。整理好自己的家似乎会让人们产生更加用心生活的强烈愿望。

不久前，我拜访了一对夫妇，他们在几年前就完成了整理。之后，他们搬出了东京，来到乡下抚养孩子，并且开始尝试务农。他们告诉我："尽管我们没有了电视，也放弃了很多东西，但我们感到比以前要满足得多。"说完，他们看了看正在花园里开心拔草的4岁女儿。"事实上，"他们中的一个说，"这可能才是真正意义上的培养孩子'智慧'的完美环境。有所匮乏教会了我们要耐心。这不仅会挑战我们的思维,而且提醒我们要对小事心存感激。"

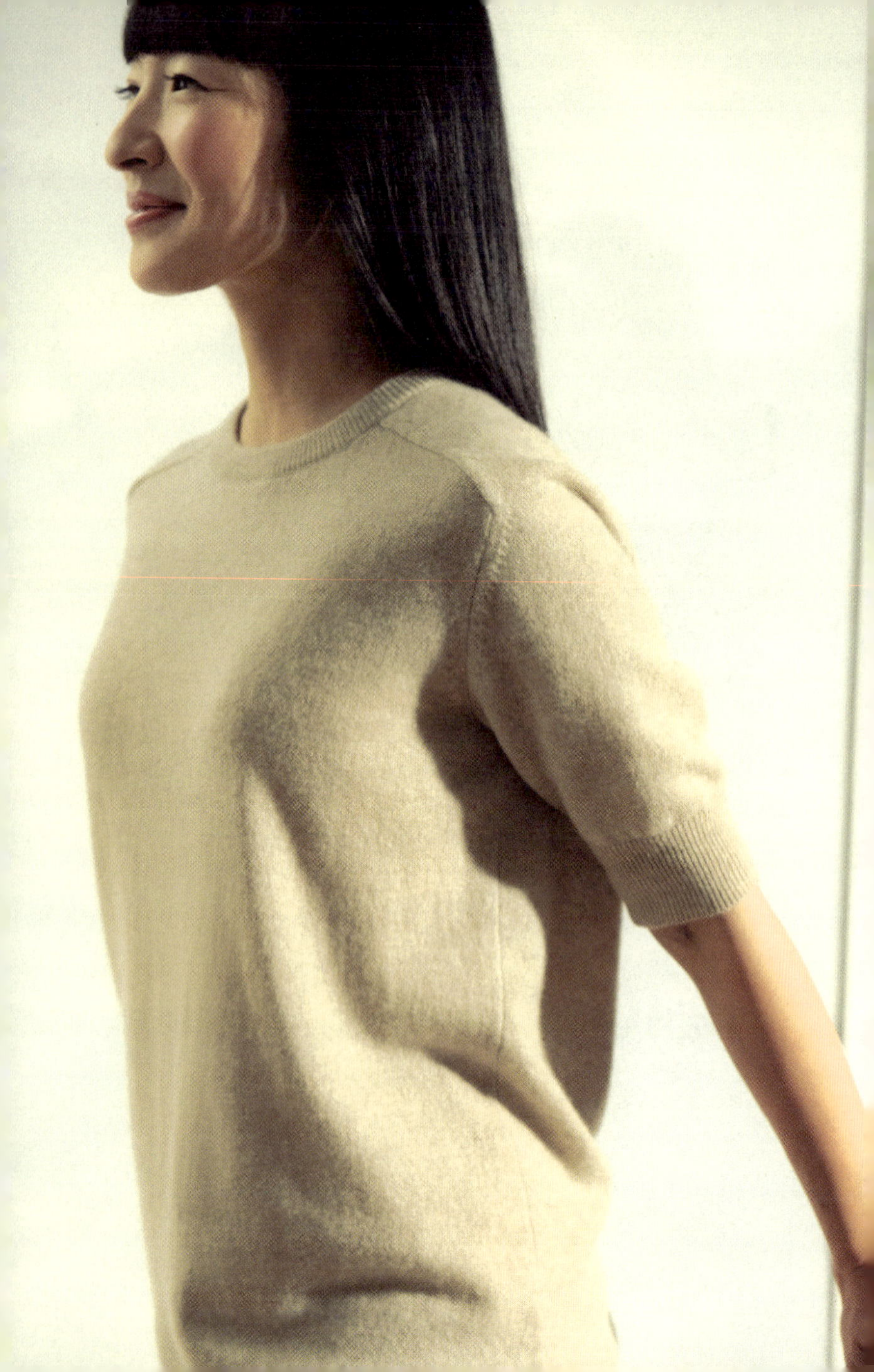

通过放松和冥想
进行精神静修

尽管我每天早上、下午和晚上都会抽时间放松,但以我目前抚养小孩的生活方式,很难找到时间冥想。单身的时候,我可以在日程中安排时间冥想,但现在我会在做其他事情的同时进行冥想。

我可能会在散步、睡前做伸展运动、打扫卫生或者做饭时冥想。在做以上这些活动的同时进行冥想是可行的。我可以在做任何简单、重复的动作,如在为意大利浓菜汤切菜时理清思路。我需要做的就是全神贯注于手头的事情,当有些想法或者感受突然出现在脑海中时,我会随它们去。

日本佛教僧人将寺庙的杂务,如清洁,视为一种冥想练习。这样的任务不需要思考就能完成。专注于动作可以清空大脑中分散注意力的念头。

在日常生活中理清思绪,可以逐渐增加你每天冥想的时间。

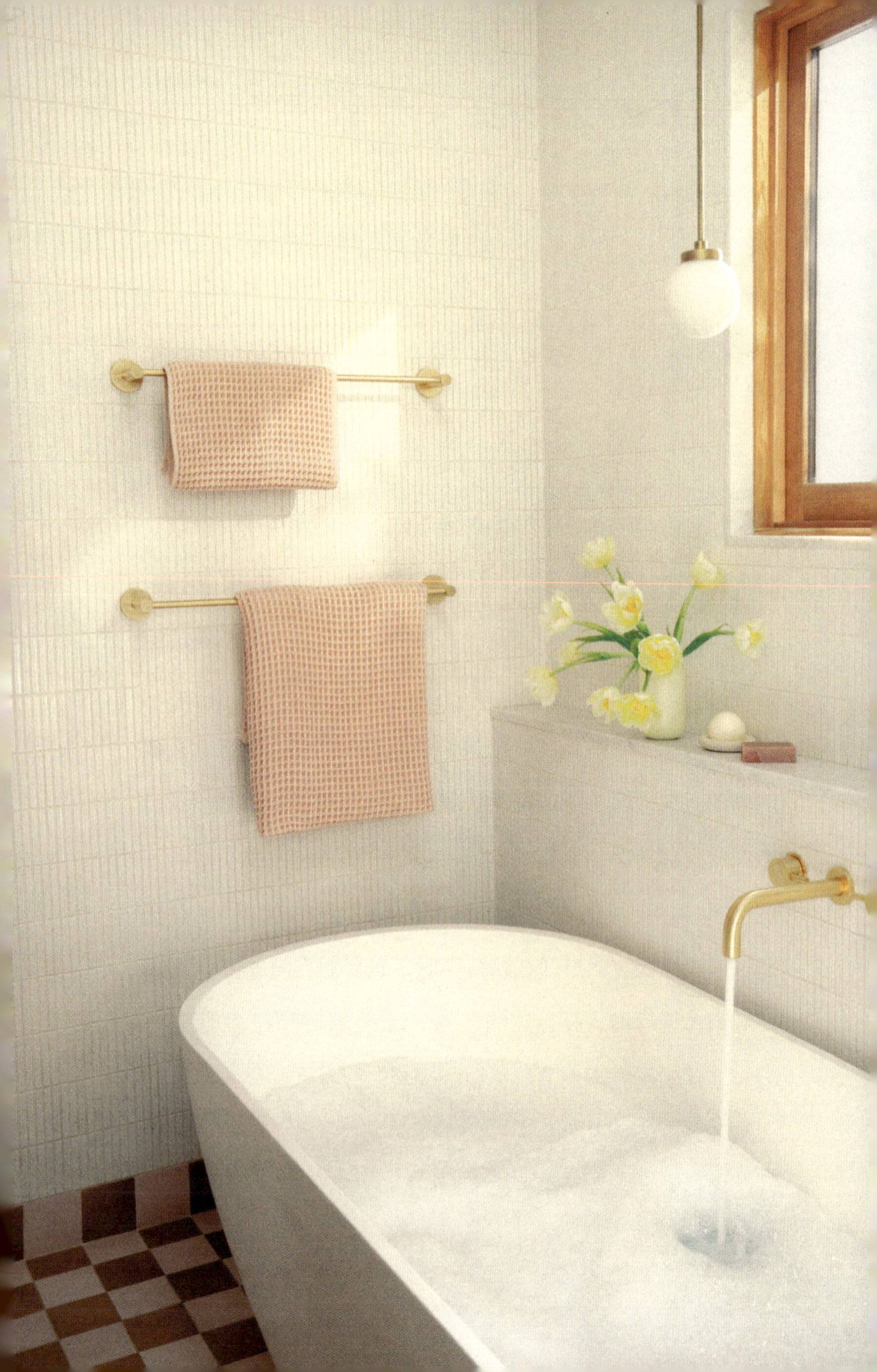

期待自己的晚间仪式

上大学的时候，我总是追求最新的睡前潮流。杂志上提倡睡前做面部按摩、伸展运动或者瑜伽，我全都认真照做，从不错过任何一天。即使在那时，我也是个完美主义者。如果我要做某件事，我就必须"快速、彻底、一气呵成"。但当我毕业并开始为一家公司工作后，我变得无比忙碌，于是开始对这些事情变得疏忽。我经常不卸妆就睡着了，而且更糟的是，我会在地板上或者把脸贴在电脑上就打起了瞌睡。

经过反复尝试，我逐渐找到了适合自己生活的理想的睡前习惯。现在，我已经结婚并且有了孩子，我们家的晚间生活通常是这样的：在全家用完餐后，我会在19：30让孩子们上床，给他们讲一些睡前故事。我的丈夫通常也会在这个时候上床睡觉。由于他的大部分工作都要与日本人进行交流，所以他不得不经常在凌晨4点之前起床。一旦其他人都睡着

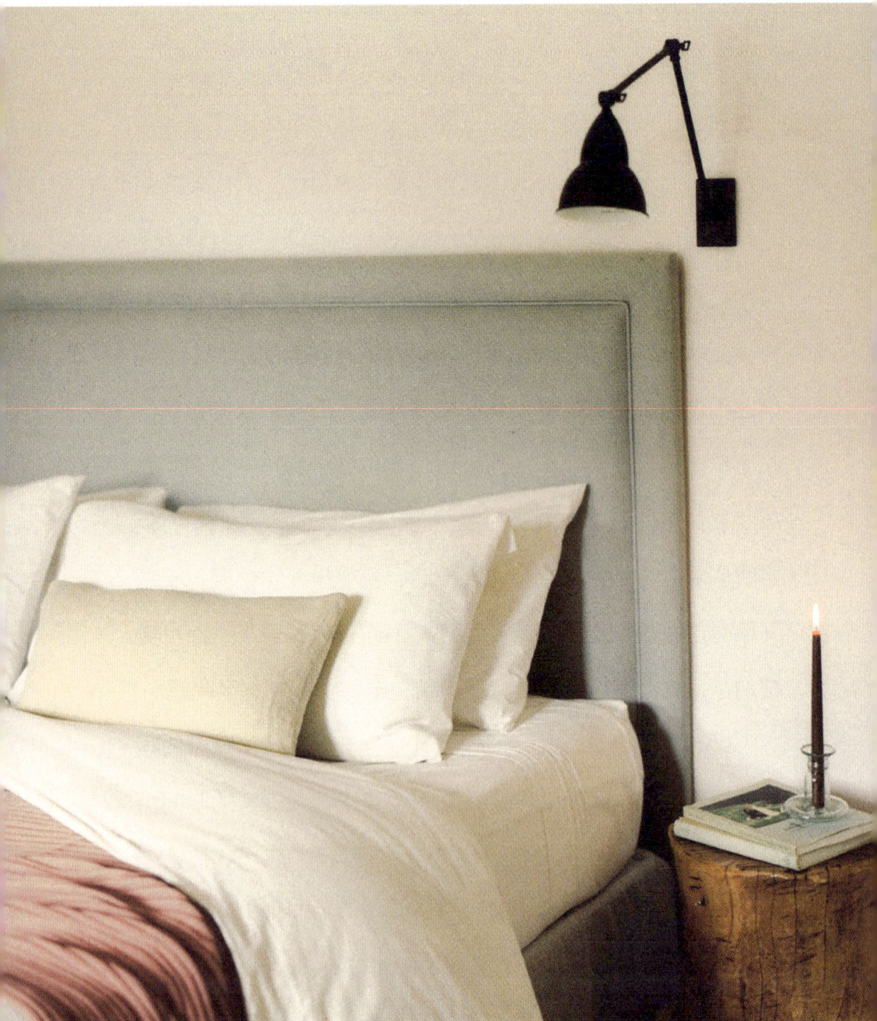

了，就到了我放松的时候。我会整理厨房，为第二天准备食物，查看电子邮件，并制定第二天的日程。然后，我会给自己泡一杯茶，回想这一天发生的事情。当我想到自己应该感激的事情，或者我想改变、改进的事情时，我就会把它们记在记事簿上。

作为一个早起的人，我没有固定的睡前习惯。我可能会抹一些精油和护肤品。有时我也会做一些伸展运动来放松身体。我的目标就是放松，这样我可以睡个好觉，我需要的东西每天都在变化。

我会更多地注意不该做什么，而不是遵循一套固定的习惯。例如，我会避免做一些刺激神经系统的事情，如喝冷饮或者上网。

如果有多余的时间，我会在浴缸里好好地泡个澡。在日本，我们的浴缸很深，我们通常每天都要泡澡。这可以有效地温暖你的整个身体，让它放松。由于日本的房子通常很小，不允许有太多的隐私，洗澡时间也是一个难得的享受独处的机会，因此显得格外特别。你只需要在浴缸里加入你喜欢的浴盐或者在房间里点上蜡烛，慢慢享受你的沐浴时光，就能消除疲劳，让你睡得更加安稳。如果你喜欢早上洗澡，那么你的身心将会得到净化，让你在开始新的一天时变得焕然一新。

不同地区与国家的风俗习惯和生活条件差别很大。一些地方的水资源非常稀缺，而且昂贵，人们必须小心地节约用水。自从搬到美国后，我就不再每天洗澡，而是改为淋浴或者泡脚。为了适应自己居住的环境而改变那些给你带来快乐的元素，是体验其他生活方式的魅力之一。

无论你喜欢泡澡还是淋浴，目的都是一样的，那就是清洁。在日本，清洁身体被视为一种净化行为，不仅可以洗去身体上的污垢，还可以洗去白天积累的所有负面想法和压抑的情绪。不管采用哪种形式，我都非常看重洗澡这一习惯。

一个好的晚间仪式可以唤醒我们，让我们感觉神清气爽，几乎就像重获新生。我们的自我意识似乎已经回到了它原来的位置，就好像每件物品都完美地放到了指定的存放地点。我们的大脑仿佛在睡觉时得到了整理。醒来后，迎接我们的可能就是大脑的灵光乍现，解决了某个恼人的问题，或者意识到自己的担心根本就是多余的。对我来说，芳香疗法、瑜伽和睡前洗澡都有同样的提振效果。

早上醒来时，我们的内心和思想都恢复了活力，选择能让我们的一天都过得恰到好处的行动就会容易得多。从这个意义上说，就寝时间可能是一天当中实现理想生活方式最关键的一段时间。

只穿棉质或丝质睡衣

当我们通过选择自己喜欢的东西来进行整理时,我们对快乐的敏感性就会大大增强。简而言之,我们应该训练自己的五种感官。通过这种方式整理会让我们更加意识到,自己在味觉、嗅觉、触觉、视觉和听觉方面喜欢哪些事物。同时反复地问自己:什么东西能让自己感到快乐,且会强化这些人类生来就拥有的机能。

在五种感官中,嗅觉和触觉的进化最为显著。当然,在整理过程中我们的视觉也得到了发展。首先,整理大大减少了干扰我们视线的物体,使我们更容易发现我们不需要的东西。思考如何使物品的收纳变得富有吸引力,同时会提升我们对视觉美的鉴赏力。不过,我们的视觉早已得到了很好的锻炼,因为人类在决策时使用最多的就是视觉。因此,实现巨大发展飞跃的是我们的嗅觉和触觉。

由此可以引出我要谈的主题。我之所以认为整理尤其能提升这两种感官，是因为我注意到客户在整理完后对材料变得非常挑剔。例如，他们减少了衣柜里由合成材料制成的服装，而且开始选择布袋而不是塑料袋。当他们对快乐越来越敏感时，就会被那些让皮肤感觉良好的东西（触觉）和能够

创造愉快氛围的东西（嗅觉）所吸引。

在提到"氛围"时，我指的不仅仅是散发香味的东西，如熏香。我们的嗅觉能够探测到一些更基本的东西——空气中的精华，正是这些精华创造了家中氛围。例如，木制品散发出宁静和轻松的气息，钢铁有一种凝重的清凉感，而塑料则发出喧闹的哗哗声。弥漫在家中的气氛是由家里的材料决定的，而且嗅觉对任何变化都最为敏感。

这就是为什么我对睡衣很挑剔，我坚持用100%的丝质或棉质睡衣。由于丝绸很难买到，所以事实上我的睡衣大多数是棉质的。如今，我几乎只穿由柔软的有机棉制成的睡衣，这种棉对环境和皮肤都更加友好。

我们只有在睡着的时候才能逃离自己的思绪，完全放松。如果我们想追求舒适，最好的方法就是为睡眠进行投资。对我来说，灵感和解决问题的方法通常会在早上醒来的那一刻出现。也许，恢复活力的深度睡眠唤醒了超越其他五个感官的第六感。

睡前浏览让你感到愉快的剪贴簿

小时候,我经常梦想自己蜷缩在床上,手里拿着一本自己喜欢的相册或者美丽的画册。我想象自己一边喝着花草茶,一边翻看着,然后睡着了。也许我是受电影或杂志的影响才想象出这幅画面的。不过,为了实现这个梦想,我必须得先找到一本有美丽图片或照片的书,可实际上这相当困难。我到处找合适的图册,我会到图书馆查看时尚的室内装饰杂志,也会买其他国家的摄影集。

最终,我在一次展览上偶然发现了一本维多利亚女王用过的菜谱画册。当我翻开画册时,它令人愉快的画面吸引了我,上面有精致的花卉图案的盘子、盖子上有鸟形把手的茶壶,还有优雅的有着蓝色图案的茶杯。从展览回来后,每次翻开画册我都能想象出菜肴的样子,然后再次为之入迷。

然而,有一个问题:这本画册又大又笨重,比字典还沉。

当我坐在床上把它放在腿上时，只要几分钟我的大腿就会被压疼，我不可能在翻看的时候睡着。如果我把它摊在床上趴着看，我又可能会把茶洒了。我该怎么办？

仔细看了一下画册，我意识到这本200多页的画册中有一半以上是用来阐释的，而且其中有一半都是用英语写的，当时我还看不懂。事实上，真正给我带来快乐的页面少得惊人，只有五六张照片让我着迷。所以，我把那些带给我快乐的页面剪了下来，贴在了一本剪贴簿上，封面是我特别喜欢的古色古香的巧克力棕色。结果超出了我的预期。

从那以后，我继续从其他书上剪下我喜欢的图片或照片，粘贴在这本剪贴簿中。我只选择那些真正带给我快乐的部分。例如，如果我喜欢照片中模特穿的鞋，我就会只剪下这双鞋。当然，如果这本书状况良好，可以出售或者用于捐赠，那就没有必要剪下来。你可以把喜欢的照片复印下来。重点是不要紧抓着那些不会激发快乐的部分不放。在告别这本书之前，确保自己没有忽视任何一张能够带来欢乐的照片。（如果整本书都能给你带来快乐，你当然应该保留它。）

在理发店翻杂志时，如果有一张照片吸引了我，我就会记下杂志的名称和期号，然后自己买一本。我要看十本杂志，才能有幸找到一张这样的照片。这表明这样的相遇是多么难得和珍贵。从我的经验来看，当我们能够意识并且享受生活中的小欢喜时，我们就更有可能会遇到大的快乐。

顺便说一句，我的剪贴簿中的内容是按颜色排列的。当我需要提振精神时，我会打开橙色的页面。而当我想要放松时，我会看一看收集的绿色物品。我还有一部分专门介绍蛋糕和日本甜点的页面，当我想吃甜食时，就会打开它们。（这可能是我看得最多的一部分。）当某张图片不再给我带来快乐时，我也会毫不犹豫地把它撕下来，换上一张新的图片。

多亏了我的快乐剪贴簿，我实现了儿时的梦想：蜷缩在床上，喝着茶，翻看一本漂亮的画册。如果你也对这个想法感兴趣，可以考虑收集一些特别的图片，并且要时刻关注那些能给你带来快乐的图片。

每天感恩将改变你的人生

我每晚睡觉前都会祈祷。也许用祈祷这个词太正式了,我只是在心里表达感激之情。刚开始的时候,我会隐约地想象自己在和上帝或祖先的灵魂交谈。但渐渐地,我的脑海中浮现出了熟悉的人和事物。

现在，我开始感谢我的睡衣，并扩展到我的床、卧室和家，我会感谢周围的每件事物。接着，我会感谢我的丈夫、孩子、父母、兄弟姐妹、祖父母和外祖父母，以及他们的父母，还有更远的祖先，尽管我甚至都不认识他们，但他们都在我们的家谱上。当我这样做的时候，感激之情就会从我的内心溢出。我非常感激此刻我在这里，并且一直以来受到比自己更伟大的存在的支持和保护。同时，我感觉自己变得更加轻盈，不知不觉地进入了梦乡。

在每晚的日程中加入感恩练习，无论是写日记还是躺在床上集中注意力，都可以减轻你的烦恼。回忆你要感激的人和事，可以让你正确地看待生活，提升你对快乐的敏感度，从而让你更加感激自己在生活中收到的所有祝福。

学会大方地接受礼物

善于给别人送礼物的人都很棒,不是吗?我却正好相反。我甚至经历过一个不给任何人送礼物的阶段。我会在一些特殊的时刻寄一张贺卡。给别人送礼物时,我会把礼物限制在鲜花或食物等短期物品上。我担心,如果我送给别人一些可以永久保存的东西,可能会给对方带来负担,而且一想到它们总有一天会被扔掉,我就很难过。

也许,这种"送礼恐惧症"源于我曾看到客户为是否丢掉没有带来快乐的礼物而苦恼,以及每当有人当着送礼者的面丢弃对方的礼物时所引发的令人痛苦的争论。

当然,我也会避免收集不必要的物品,当客户让我从他们要放弃的东西中拿走任何我想要的东西时,我总是礼貌地拒绝。

我以前的秘书香织和我一样。她善于整理,也不会积累

无关的东西。所以,在她生日的时候,我总是问她想要什么,或者给她一些实用的东西,如大米优惠券。然而,在她订婚后,情况发生了变化。我想做一些特别的事情来庆祝她结婚这一特殊的时刻,我决定送给她一些手工制作的东西,但这是最不受人们欢迎的一类礼物。为了确保她会喜欢,我询问了其他员工,我们决定一起给她做一个心形的防烫垫。每个人都分到了一项任务,比如,购买布料、制作底座、刺绣和穿珠,每个人完成任务后就传给下一个人。我负责刺绣,令我惊讶的是,我非常喜欢这项任务,并完全沉浸于其中。

当我用绣针在布上来回穿梭,用线绣出香织最喜欢的一段话时,我意识到整理使我对得到更多的东西感到有罪。同样,当我给一个特别的人送礼物时,我会担心给他们带来麻烦,而不是专注于我想让他们快乐的愿望上。

当我看到香织容光焕发的脸时，我就不再介意给别人送礼物了。现在，我常常送给别人礼物，这其实是一件很美好的事情。有趣的是，我也开始收到更多的来自他人的礼物，这同样也很美好。有些人取笑我说："我敢打赌，收到礼物时，你会感谢它给你带来了收到礼物的喜悦，然后你就会把它扔掉。"但事实并非如此。也许是因为我在生活中已经舍弃了很多，所以我会好好享用自己收到的礼物。

我会立即向别人展示自己收到的各种饰品。当有人给我画肖像时，我会把它挂在墙上。我也会和员工分享我在3天内收到的茶或者甜点。如果在客户家见到一份未开封的礼物，我会给他们布置作业，让他们在下一节课使用它。我的一位客户每次上课时都会用一套新的盘子，而我们的每节课都变成了一次高雅的茶话会。

想有效地使用礼物，只需要遵守一条规则，那就是打开包装，把它们从盒子中取出来，并且在收到礼物后立即开始使用。

人们有时会问我：如果收到了不喜欢的礼物，该怎么办？不过，没有必要担心。奇怪的是，在我们完成整理后，我们收到的所有礼物似乎都可以带给我们喜悦，很少有礼物一点都不让人开心。如果你确实收到了一些当时不合你心意的东西，请试着用一下。这看起来可能很奇怪，但通过整理，你对自己已经拥有的和自己喜欢的东西的感觉已经有所提升。你现在有了尝试和享受新事物的情感空间。

没有人规定你必须永远保留一份礼物。如果过了一段时间之后，它已经完成了自己的使命，那么你就可以放手了。到那时，你应该就能够做到这一点了，不会内疚，而且怀着真诚的感激之情。

说实话，我最近才具备了这样的灵活性。整理可以锻炼我们从现有的东西中主动选择想要保留的东西的能力。而这也许让我忽视了单纯地接受别人给予的东西的能力。学会优雅地接受别人的善意让我的生活变得轻松许多。

也许听起来有些夸张，但我觉得好好利用礼物有助于我抓住即将到来的机会，就好像我敞开心扉在等待好运一样。不理会别人不厌其烦地送给我们的礼物是一种浪费。我们遇到的东西总是有意义的。使用收到的礼物可以让我们意外地获得一些乍一看不那么明显的快乐。

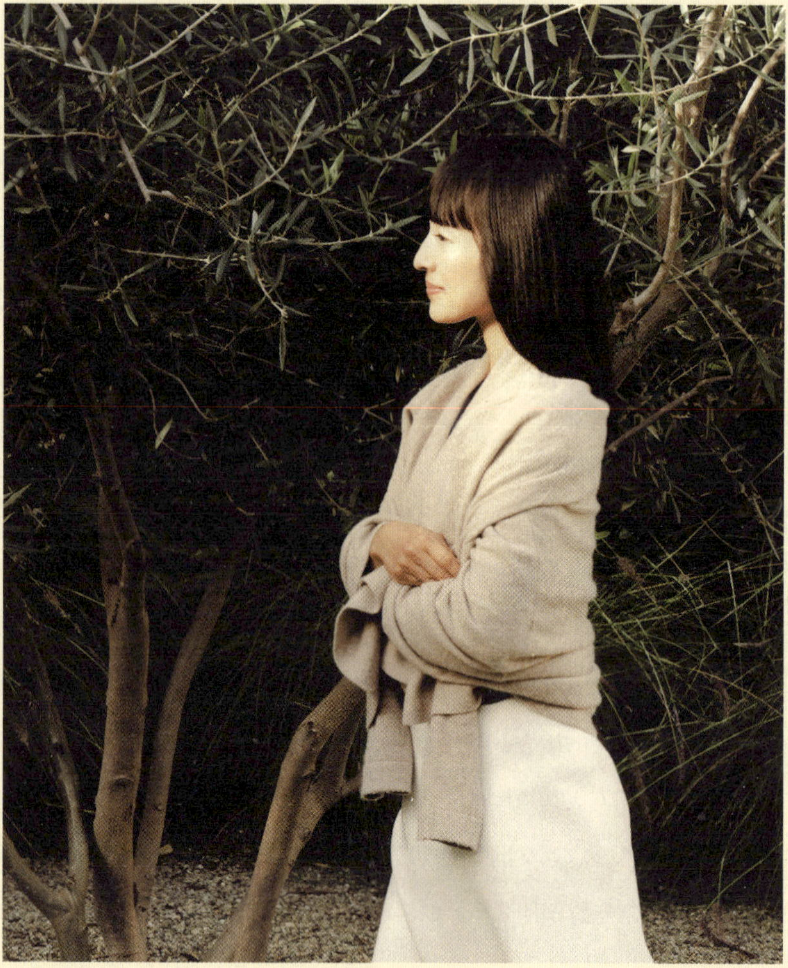

结束语

利用自己现在拥有的东西过上快乐的生活。

K 认为理想的生活方式是拥有一个可以与朋友和家人享受美食的家。我相信很多人都有同样的梦想。

"我知道有人会邀请朋友来参加聚会,"K 告诉我,"但我从来都做不到这一点,尽管我很乐意,但我必须先把家收拾好。"她的整理过程进展很快。在差不多整理完她的文件后,我们休息了一下,她拿出在附近面包店买的一些面包。在给别人上整理课的时候,我经常会一口气上完,所以客户请我吃东西,我很感激。然而,她当时把面包和一些塑料瓶装饮料一起扔到了我的面前,面包的包装还没拆掉。"给你,"她说,"自己选吧。"这似乎对美食不够尊重,而且也是在浪费时间。

我想我们还没有打扫厨房,不过她应该有一些让人愉快的盘子。在她的允许下,我打开橱柜,看到了一大堆漂亮的餐具!我从橱柜后面拿出了两个可爱的有花朵图案的盘子,它们似乎在喊:"用我!用我!"我用烤箱加热了面包,然后把它们放在了盘子里。接着,我把瓶装茶倒进了漂亮的江户切子[1]的玻璃杯里，K 从未把这些杯子从泡桐木箱里拿出来过。结果如何？在短短几分钟内，我们的课间休息就变成了一顿优雅的小型午餐。

我想说的是，我们可以利用现有的东西来实现我们大部分的理想生活方式。你认为只有拥有漂亮的盘子和整洁的厨房才能享受美好的生活方式吗？根本不是这样的。只要有一点独创性、创造力和趣味性，任何人都可以用自己已经拥有的东西让生活变得快乐。有很多方法可以做到这一点。

一个方法是庆祝季节性的节日。当我还是个孩子的时候，我的母亲喜欢各种各样的活动，从来没有哪个月她找不到要庆祝的理由。这其中不仅包括日本的传统节日，如七夕节，也就是星节，也包括来自其他文化的节日，如万圣节。只不过我们不会做南瓜灯，而是用毡笔在橘子上画鬼脸——在日本，橘子要比大南瓜更容易找到——并把它们放到每个房间。12月，我们会在门厅放一棵小圣诞树，然后对它进行装饰。在日本很难买到火鸡，所以母亲会在圣诞节前夕在我们当地的超市买一只烤鸡，她还会在鸡腿上系上可爱的丝带。

当我想要反映季节变化的装饰时，我经常在门口或客厅挂上手拭巾，这是一种传统的日本棉质手巾，图案非常漂亮。我不会把它

---

1. 在日本江户时代末期形成的玻璃雕花工艺，是日本的传统工艺品之一。

们挂满整个房子，而是把其中一两个挂在显眼的位置，如餐厅，这样家人在一起吃饭时便可以欣赏上面的图案了。或者，我也会把它们挂在前厅。虽然我只是用可以移除的胶带将这些手巾贴在了墙上，却彻底改变了家中的氛围，就好像我换了壁纸一样。当我为了迎接下一个季节而更换手巾时，我会回想起我的家人，以及我们一起做过的许多事情。虽然都是一些普通的家庭回忆，但对我来说，它们是无价的。

当我们整理好自己的家，我们的生活也会随之改变。对许多人来说，这种变化是非常巨大的。实际上，即使变化没有那么明显，学会如何品味生活中的每个时刻也是很美妙的。

我希望，整理的魔力会让你的生活和你的家每天都为你带来欢乐。

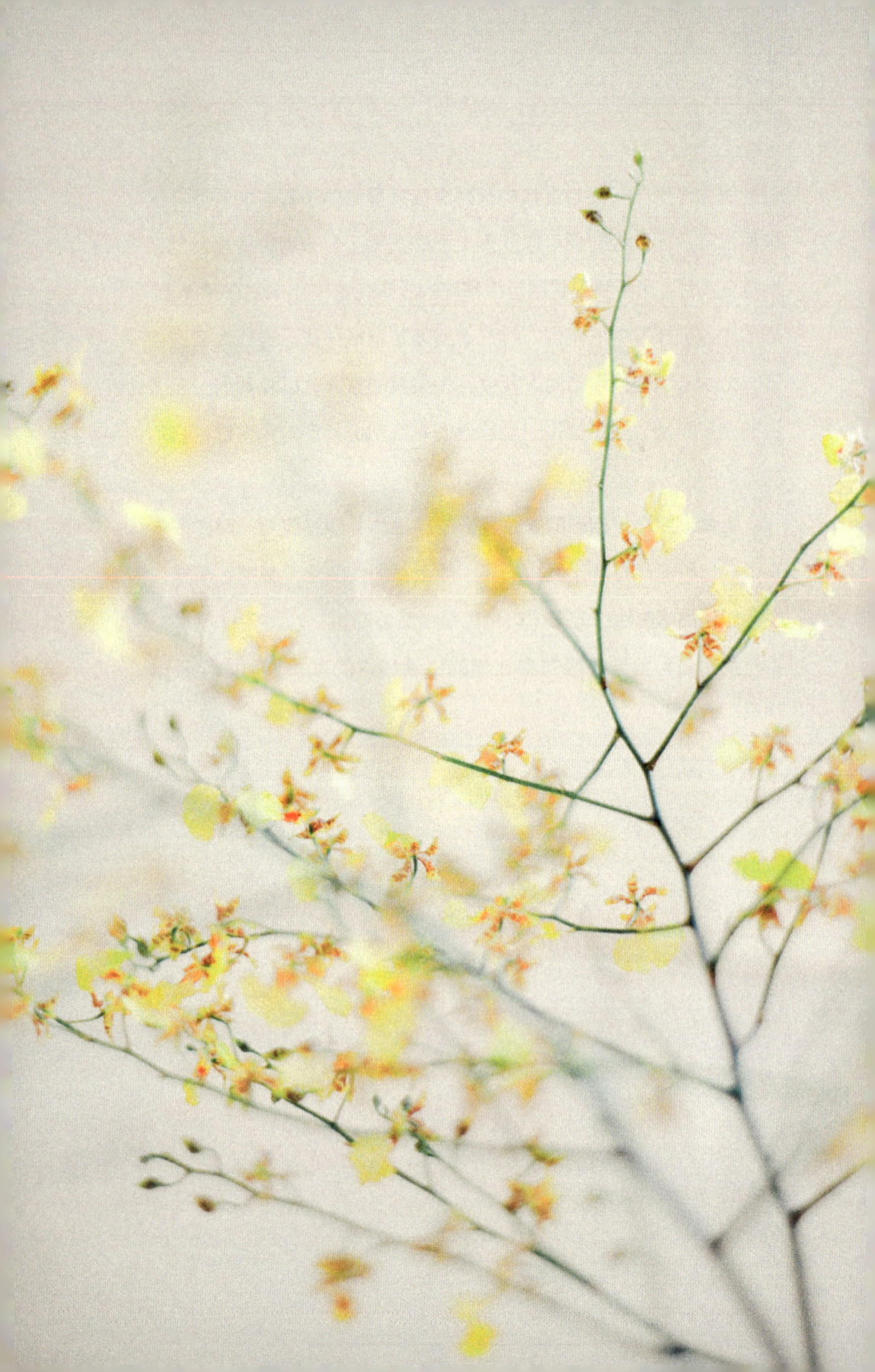

后记

在我写这本书的时候，我们迎来了家里的第三个孩子——我的儿子。这是我第一次抚养男孩，给我带来了新的惊喜和挑战。新的家庭成员的加入使我的日程发生了重大的变化，我现在变得更加忙碌。我们又买了一些东西，房子的布局也发生了变化，我们度过时间的方式也与以往有所不同。

我相信，随着我们的生活进入一个新的阶段，比如，孩子们长大升入更高的年级、我们搬到了新家，或者我们的工作发生变化时，我对理想生活方式的愿景、我生活中的优先事项，以及我对快乐地度过时间的方式的理解也会发生变化。我在这里描述的生活方式反映了在我生命的这个特定阶段带给我快乐的事物。

人们有时告诉我，过去带给他们快乐的事物已经不复存在。这是很自然的，给你带来快乐的东西会发生改变。重要的是，每次发生变化时，你都要审视什么能够给你带来快乐。在生命中的每一刻，你都要适应自己对快乐的感觉，并为自己与所爱的人共度的每一天感到高兴。如果这本书能帮你做到这一点，那将是我最大的快乐。

怀着喜悦和感激之情的近藤麻理惠

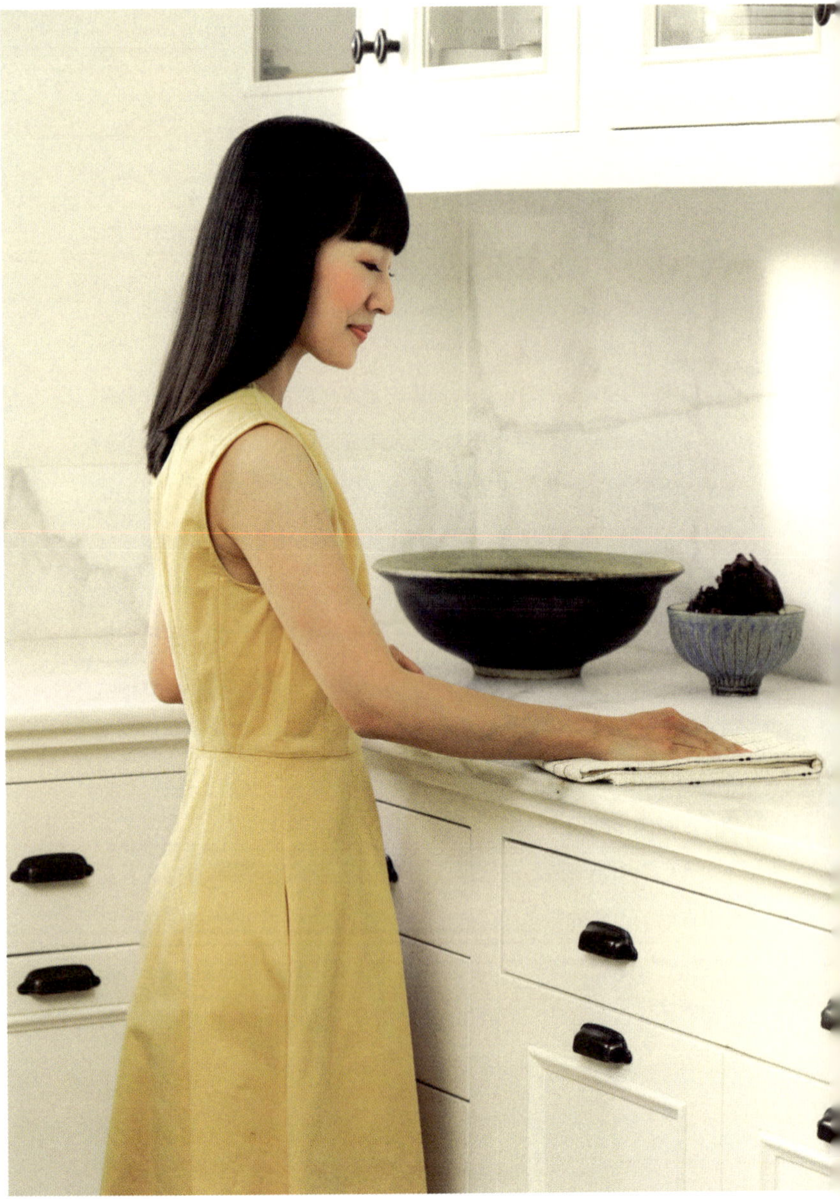

理想生活方式的日程表

自我反省是整理过程中至关重要的一部分。整理可以帮助你发现什么对你来说很重要,你在生活中真正看重的是什么——这些认知会防止你重新陷入混乱。下面的内容将帮助你在整理过程中反思和发现自己。

拿出你最喜欢的笔记本,记下你对"理想生活方式"的想法、你在整理时注意到的事情,以及你在这个过程中所经历的变化。很多人用电脑或智能手机做笔记,但我建议用手写下来。手写时你更容易整理思路和看清事物的本质。

例如,我通常会记下当天给我带来快乐的事情,或者脑海中浮现的想法。这个习惯可以帮助我确定哪些活动带给我最大的快乐,哪些物品让我有成就感。

整理是自我反思和自我发现的绝佳机会。用下面这些日程表接触你内心的自我,创造一个整洁的家,实现自己理想的生活方式。为方便起见,我将在本节中列出所有必要的步骤。

想象自己理想中的早晨

制定出你理想中的早晨时间表，从你醒来的那一刻到你离开家或者开始工作之前。你想做的第一件事是什么？具体一点，想象一下你实际上要做的每项活动，比如，喝杯茶放松一下，或用吸尘器打扫地板。然后想象一下你需要做什么，以及你的家要处于什么样的状态才能实现这一点。你会意识到整理是多么重要！

要包含一项让你愉快的，开启美好一天的活动。尽可能具体一些，记下的细节会让你更容易实现理想的早晨。

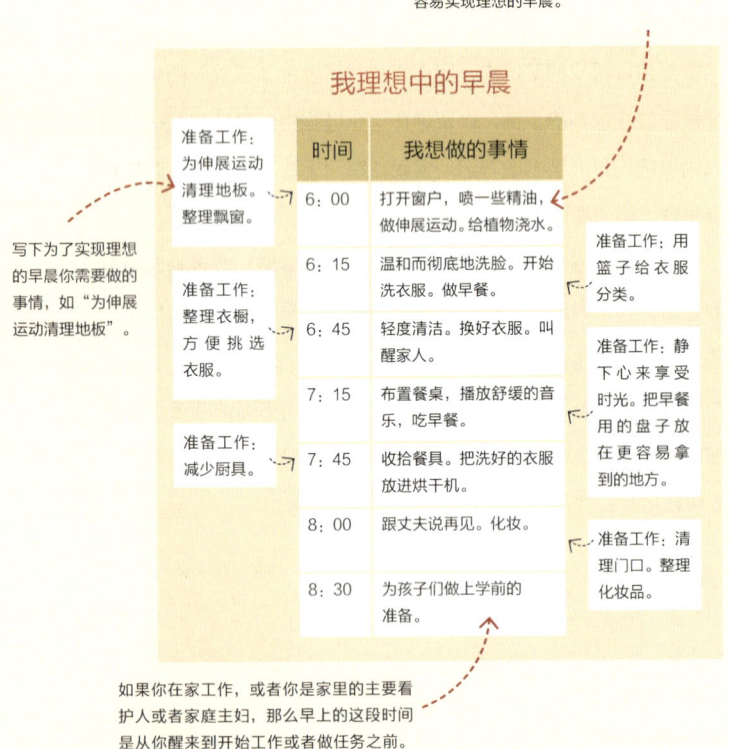

我理想中的早晨

写下为了实现理想的早晨你需要做的事情，如"为伸展运动清理地板"。

准备工作：为伸展运动清理地板。整理飘窗。

准备工作：整理衣橱，方便挑选衣服。

准备工作：减少厨具。

时间	我想做的事情
6:00	打开窗户，喷一些精油，做伸展运动。给植物浇水。
6:15	温和而彻底地洗脸。开始洗衣服。做早餐。
6:45	轻度清洁。换好衣服。叫醒家人。
7:15	布置餐桌，播放舒缓的音乐，吃早餐。
7:45	收拾餐具。把洗好的衣服放进烘干机。
8:00	跟丈夫说再见。化妆。
8:30	为孩子们做上学前的准备。

准备工作：用篮子给衣服分类。

准备工作：静下心来享受时光。把早餐用的盘子放在更容易拿到的地方。

准备工作：清理门口。整理化妆品。

如果你在家工作，或者你是家里的主要看护人或者家庭主妇，那么早上的这段时间是从你醒来到开始工作或者做任务之前。如果你要出门工作或学习，那么就是从你醒来到走出家门为止。

我理想中的早晨

准备工作

时间	我想做的事情

准备工作

准备工作

准备工作

准备工作

准备工作

准备工作

想象自己理想中的一天

像早晨一样，为你理想中的一天制定一个合理的时间表。思考一下为了实现理想的一天你可以做哪些准备，比如，听播客让自己平静下来，或者在通勤途中通过听有声读物学习一种新的语言或者技能。一定要留出时间关心自己、追求兴趣、散步或锻炼、见朋友、接孩子、和孩子玩、做家务，以及购物和整理。在这个过程中，你会清楚地知道自己想做什么和需要做什么准备，这会让你更容易且自然地找到时间来愉悦自己。

写得详细一些，比如，什么时候开始做午餐或者打扫卫生。这有助于你了解自己需要做什么，以便为自己想做的事情腾出时间。

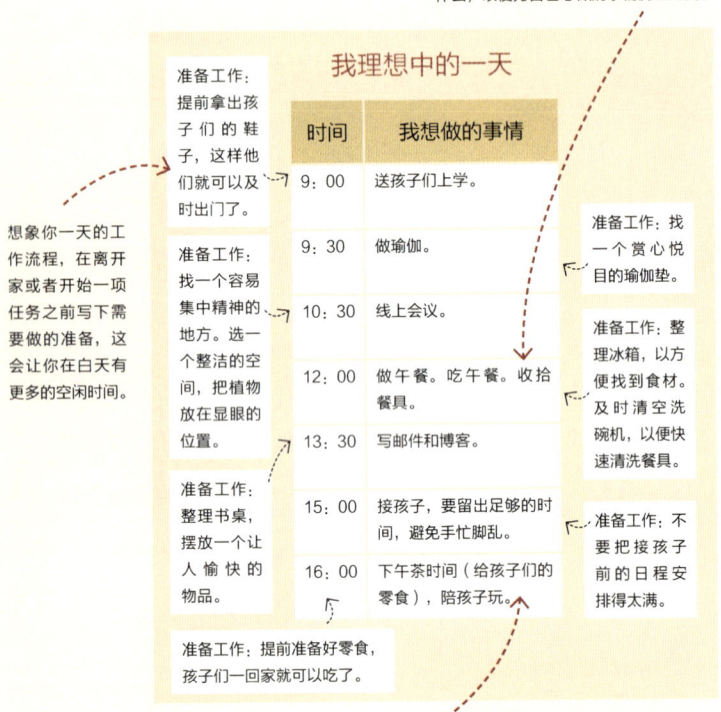

我理想中的一天

时间	我想做的事情
9:00	送孩子们上学。
9:30	做瑜伽。
10:30	线上会议。
12:00	做午餐。吃午餐。收拾餐具。
13:30	写邮件和博客。
15:00	接孩子，要留出足够的时间，避免手忙脚乱。
16:00	下午茶时间（给孩子们的零食），陪孩子玩。

准备工作：提前拿出孩子们的鞋子，这样他们就可以及时出门了。

想象你一天的工作流程，在离开家或者开始一项任务之前写下需要做的准备，这会让你在白天有更多的空闲时间。

准备工作：找一个容易集中精神的地方。选一个整洁的空间，把植物放在显眼的位置。

准备工作：整理书桌，摆放一个让人愉快的物品。

准备工作：提前准备好零食，孩子们一回家就可以吃了。

准备工作：找一个赏心悦目的瑜伽垫。

准备工作：整理冰箱，以方便找到食材。及时清空洗碗机，以便快速清洗餐具。

准备工作：不要把接孩子前的日程安排得太满。

一定要在日程中留出快乐的时间，比如，和家人在一起的时刻，你就可以有意识地把注意力集中在如何利用时间激发快乐上。

我理想中的一天

时间	我想做的事情

准备工作

准备工作

准备工作

准备工作

准备工作

准备工作

准备工作

想象自己理想中的夜晚

当你下班、放学,或者办完事回家时,想想你以什么样的方式度过晚上睡觉前的这段时间。你如何度过这段时间会影响你的睡眠质量以及第二天早上醒来时的感觉。因此,我们应该仔细考虑如何避免过度刺激,并布置好我们的生活环境,创造出轻松的时间和空间,以便获得最大程度的放松。

想象你想为第二天做什么样的准备,并确保自己从回家到睡觉前都能得到良好的休息。晚上不要做太多的事情。

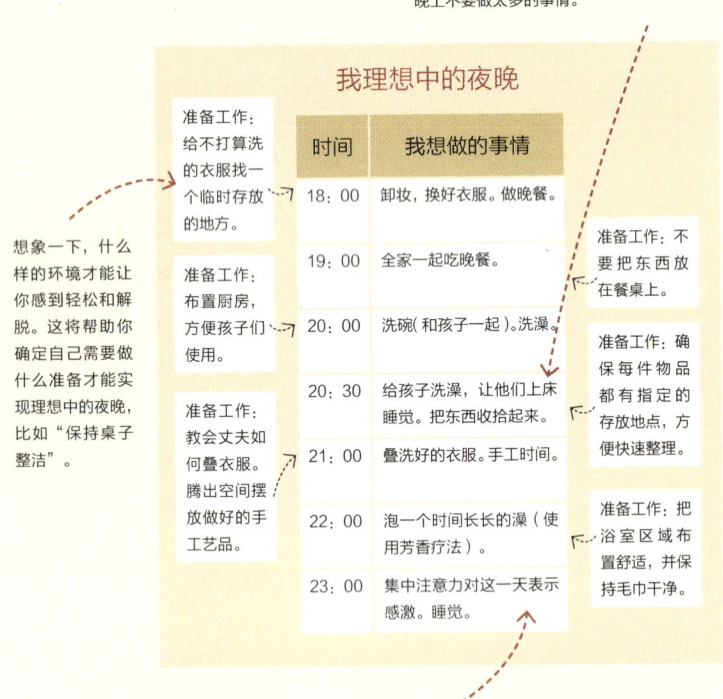

我理想中的夜晚

准备工作:给不打算洗的衣服找一个临时存放的地方。

时间	我想做的事情
18:00	卸妆,换好衣服。做晚餐。
19:00	全家一起吃晚餐。
20:00	洗碗(和孩子一起)。洗澡。
20:30	给孩子洗澡,让他们上床睡觉。把东西收拾起来。
21:00	叠洗好的衣服。手工时间。
22:00	泡一个时间长长的澡(使用芳香疗法)。
23:00	集中注意力对这一天表示感激。睡觉。

想象一下,什么样的环境才能让你感到轻松和解脱。这将帮助你确定自己需要做什么准备才能实现理想中的夜晚,比如"保持桌子整洁"。

准备工作:布置厨房,方便孩子们使用。

准备工作:教会丈夫如何叠衣服。腾出空间摆放做好的手工艺品。

准备工作:不要把东西放在餐桌上。

准备工作:确保每件物品都有指定的存放地点,方便快速整理。

准备工作:把浴室区域布置舒适,并保持毛巾干净。

睡前,把思绪集中在对家人和所有亲近的人身上,以及对这一天的感激上。这会让你的身心得到恢复,让你醒来时精神抖擞。

我理想中的夜晚

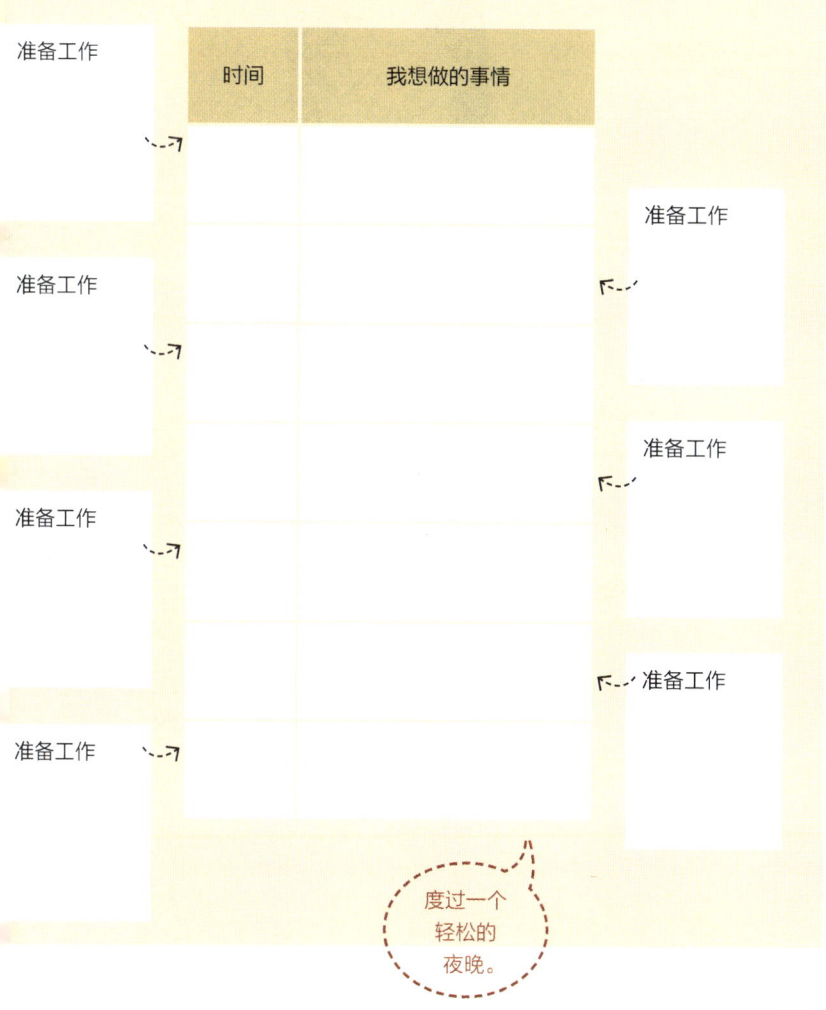

时间	我想做的事情

准备工作

准备工作

准备工作

准备工作

准备工作

准备工作

准备工作

准备工作

度过一个轻松的夜晚。

235

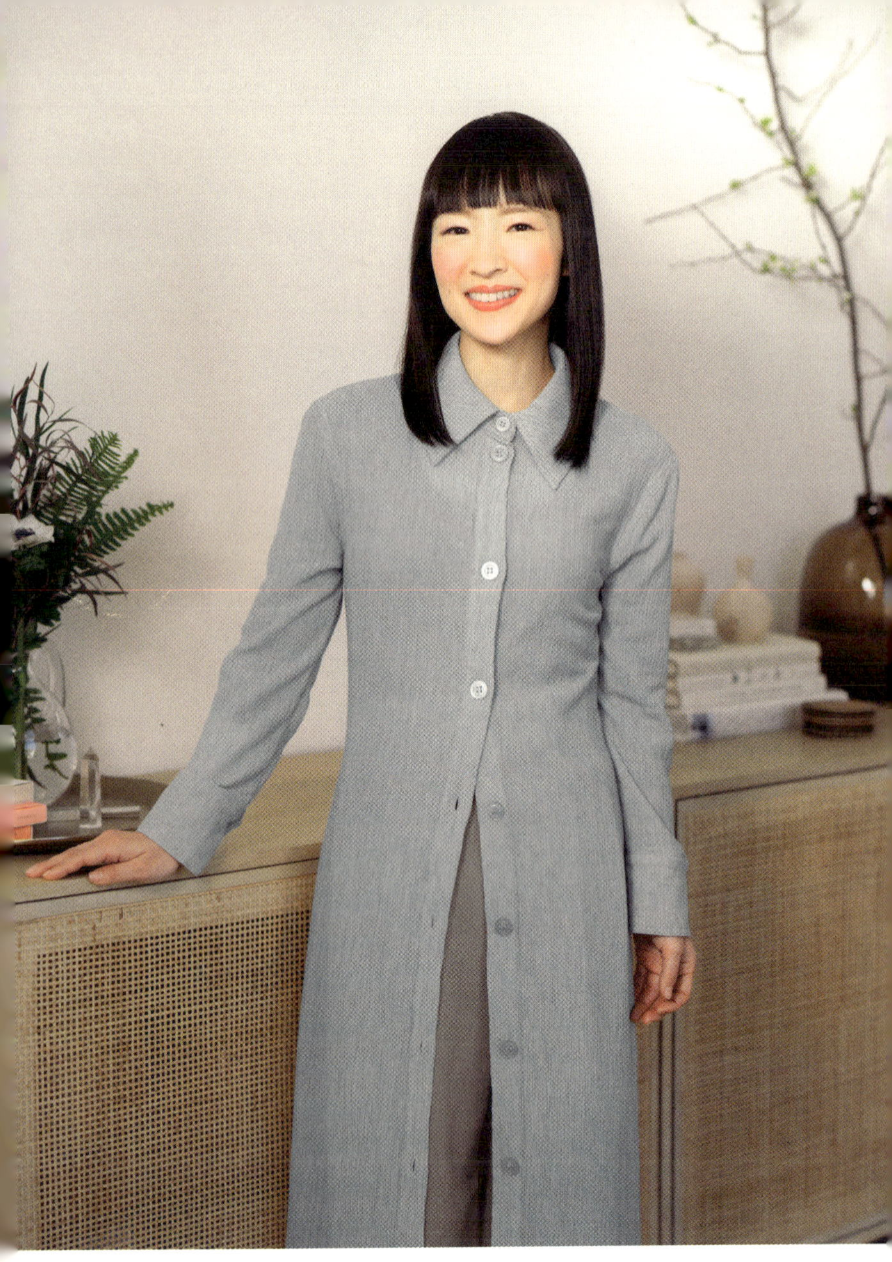

致谢

我向所有为这本书的出版提供帮助的人致以无限的感激,包括从规划阶段就参与进来的开发编辑莉萨·威斯特摩兰,十速出版社的编辑朱莉·本内特和艺术总监贝齐·斯特龙伯格,我的经纪人尼尔·古多维茨,结合日文手稿进行编辑的石桥智子,拍摄精美照片的起点摄影团队,好心让我们借用她美丽的家拍摄了一张照片的利安娜·西隆内特,以及手稿的英语翻译平野凯茜。同时,我也非常感谢天野凯所做的娴熟的协调、给予的不懈支持和付出的巨大热情。

最后,衷心地感谢你选择了这本书。
愿你的生活每一天都充满欢乐!

Copyright © 2022 by Marie Kondo/KonMari Media Inc. (KMI).
This translation arranged through Gudovitz & Company Literary Agency and The Grayhawk Agency Ltd.
Author and lifestyle photographs copyright © 2022 by Nastassia Brückin.
Still life photographs copyright © 2022 by Tess Comrie.

© 中南博集天卷文化传媒有限公司。本书版权受法律保护。未经权利人许可，任何人不得以任何方式使用本书包括正文、插图、封面、版式等任何部分内容，违者将受到法律制裁。

著作权合同登记号：字 18-2024-281

图书在版编目（CIP）数据

怦然心动的人生整理魔法：图文版 /（日）近藤麻理惠著；刘勇军译 . -- 长沙：湖南文艺出版社，2024.12. -- ISBN 978-7-5726-2114-7

Ⅰ . TS976.3

中国国家版本馆 CIP 数据核字第 202430QC24 号

上架建议：生活方式

PENGRAN XINDONG DE RENSHENG ZHENGLI MOFA: TUWEN BAN
怦然心动的人生整理魔法：图文版

著　　者：	［日］近藤麻理惠
译　　者：	刘勇军
出 版 人：	陈新文
责任编辑：	张子霏
监　　制：	邢越超
特约策划：	李齐章
特约编辑：	周冬霞
版权支持：	金　哲
营销支持：	周　茜
封面设计：	梁秋晨
版式设计：	利　锐
出　　版：	湖南文艺出版社
	（长沙市雨花区东二环一段 508 号　邮编：410014）
网　　址：	www.hnwy.net
印　　刷：	北京中科印刷有限公司
经　　销：	新华书店
开　　本：	775 mm × 1120 mm　1/32
字　　数：	129 千字
印　　张：	7.75
版　　次：	2024 年 12 月第 1 版
印　　次：	2024 年 12 月第 1 次印刷
书　　号：	ISBN 978-7-5726-2114-7
定　　价：	49.80 元

若有质量问题，请致电质量监督电话：010-59096394
团购电话：010-59320018